Die Gemeindebezirksänderungen

nach dem in Elsaß-Lothringen geltenden Rechte.

Von

Dr. Ludwig Freiherrn von Preuschen von u. zu Liebenstein

Kais. Regierungsassessor in Metz.

Straßburg.

Karl J. Trübner

1913.

Diese Schrift wurde als Dissertation der juristischen Fakultät der Universität Straßburg vorgelegt.

M. DuMont Schauberg, Straßburg. — 4134

Inhalt.

Quellenverzeichnis.

Amtsbl.	Zentral- u. Bezirksamtsblatt für Els.-Lothringen.
Arch. f. öffentl. R.	Archiv für öffentliches Recht, herausgegeben von Laband und Stoerk.
Aucoc. Sect.	Léon Aucoc, Sections de commune. Paris 1864. II. Auflage.
Ausf. Best.	Ausführungsbestimmungen zur Gemeindeordnung; vom 25. 3. 1896.
Bruck Verw. Recht I.	Dr. E. Bruck, Verfassungs- und Verwalt.-Recht v. Els.-Lothr. Bd. I. Straßburg (Trübner) 1908.
Bull. des lois.	Bulletin des lois.
Bull. de l'Int.	Bulletin du ministère de l'Intérieur.
Carp.	A. Carpentier et Du Saint, Répertoire du droit français. Paris 1891.
Dall. Pér.	Dalloz, Recueil Périodique.
Dall. Rép.	Dalloz, Répertoire de législation.
D. Jur. Ztg.	Deutsche Juristenzeitung.
Dittmar.	Dr. H. Dittmar, Das Recht der Eingemeindung in Preußen. Rostocker Dissertation 1908.
Frank.	A. Frank, Die Eingemeindung von Vororten in Städte (in den 7 östl. preuß. Prov.). Rostocker Dissertation 1908.
G. O.	Dr. E. Bruck, Gemeindeordnung für Els.-Lothr. 2. Aufl. Straßburg (Trübner) 1905.
Ges. Bl. f. E.-L.	Gesetzblatt f. Els.-Lothr.
Heim Verfass.	Dr. F. F. Heim, Das Elsaß-Lothringische Verfassungsgesetz. Straßburg (Trübner) 1911.
Jur. Ztschr. f. E.-L.	Juristische Zeitschrift für Elsaß-Lothringen.
Kisch.	Prof. Dr. Wilh. Kisch, Elsaß-Lothr. Landesprivatrecht. Halle 1905.
Koch.	Dr. H. Koch, Eingemeindungsrecht u. Polizeiverordnung; in den Abhandlungen aus dem Staats-, Verw.- u. Völkerrecht. Tübingen 1909.
Mandel.	A. Leoni u. K. Mandel, II. Verwaltungsrecht v. Els.-Lothringen (Handbuch des öff. Rechts II, 2). Freiburg-Leipzig 1895.
Mayer.	Prof. Dr. Otto Mayer, Theorie des französischen Verwaltungsrechts. Straßburg (Trübner) 1886.

Molitor.	Dr. H. Molitor u. Dr. A. Stiebe, Das Gesetz betr. die Ausführung des BGB. in Els.-Lothr. 2. Aufl. Straßburg (Trübner) 1912.
Möll.	Möller, Sammlung der in Els.-Lothr. geltenden Gesetze.
Nelken.	F. Nelken, Die Gemeindeordnung für Els.-Lothr. Zabern 1896.
R. G. Bl.	Reichsgesetzblatt.
Reichlin.	Frhr. v. Reichlin, Die Gemeinde-Gesetzgebung in Els.-Lothr. 2. Aufl. Straßburg (Trübner) 1885.
Soergel.	Dr. H. Th. Soergel, Jahrbuch der Rechtspr. z. Verwaltungsrecht 1907—1911.
Sommer.	W. Sommer, Elsaß-Lothringisches Armenrecht. Straßburg (Heinrich) 1910.
Wohlers-Krech.	Wilh. Wohlers, Das Reichsgesetz über den Unterstützungswohnsitz. 12. Aufl., bearbeitet von Dr. J. Krech. Berlin (Vahlen) 1910.

Einleitung.

Als im Jahre 1894 die Regierung von Elsaß-Lothringen den Entwurf einer Gemeindeordnung auf der Grundlage der vielen unübersichtlichen gemeinderechtlichen Bestimmungen aus alter und neuer Zeit ausarbeitete, konnte sie unbedenklich — einem Kommissionsantrag[1]) des Landesausschusses Folge gebend — das französische Recht über die Gemeindebezirksänderungen fast unverändert beibehalten, denn es hatte sich bewährt, eine feststehende Rechtsprechung hatte sich dazu gebildet und gewichtige Gründe für seine Aufhebung lagen nicht vor.

Die von der Vereinigung oder Teilung von Gemeinden handelnden §§ 2—7 der Gemeindeordnung (G. O.) für Elsaß-Lothringen vom 6. Juni 1895[2]) geben daher im wesentlichen den Inhalt der Artikel 2, 3, 5—7 des Gesetzes vom 18. Juli 1837 „über die Gemeindeverwaltung"[3]) und des Artikels 13 des Gesetzes vom 24. Juli 1867 „über die Gemeinderäte"[4]) wieder. In Zweifelsfällen kann also die früher auf Grund dieser Bestimmungen ergangene französische und deutsche Rechtsprechung sehr wohl bei Auslegung der neuen Gemeindeordnung berücksichtigt werden. Sogar die neuere französische Judikatur zu dem französischen Gesetz vom 5. April 1884 „über die Organisation der Gemeinden" kann zum Vergleich herangezogen werden, denn auch in Frankreich sind bei der Neuregelung des Gemeinderechts die Bestimmungen über die Änderung des Gemeindebannes dem Inhalt nach fast gleich denen vom Jahre 1837 und 1867 geblieben; das für Gemeindegrenzänderungen in Frankreich geltende

---

[1]) Landesausschußverhandlungen. Komm. Ber. 1894, S. 540.

[2]) Ges. Bl., S. 58. In Kraft seit 1. April 1896.

[3]) Bull. des lois. Sér. IX, No. 6946 (Tome 15, S. 129 ff.); Möll. II, S. 504.

[4]) Bull. des lois. Sér. XI, No. 15327; Möll. II, S. 959.

Recht[1]) stimmt also mit dem derzeitigen reichsländischen in den Hauptzügen noch überein.

Außer in der Gemeindeordnung und in den dazu ergangenen Ausführungsbestimmungen vom 25. März 1896[2]) finden sich noch wichtige hier einschlägige Vorschriften im sogenannten Ortschaftsgesetz" vom 7. Juli 1897,[3]) im Gesetz vom 30. Dezember 1871 betreffend die Einrichtung der Verwaltung in Elsaß-Lothringen,[4]) in der (letzten) Verordnung betreffend die Übertragung landesherrlicher Befugnisse auf den Statthalter vom 23. November 1907[5]) und in mehreren (unten jeweils einzeln angeführten) früheren Gesetzen, die laut der Ausführungs-Schlußbestimmung zur Gemeindeordnung neben dieser noch in Kraft geblieben sind.

Nach der Gemeindeordnung und dem eben erwähnten Ortschaftsgesetz wird in Elsaß-Lothringen ein grundsätzlicher und für die folgenden Erörterungen wichtiger Unterschied gemacht zwischen „Gemeinden" und „Ortschaften", nicht aber etwa zwischen Städten und Dörfern.

Alle **Gemeinden** (communes) sind Verwaltungsgebiete im Staat und juristische Personen öffentlichen Rechts, welche innerhalb ihres Bezirks und für denselben das Recht der Selbstverwaltung haben;[6]) sie sind also öffentlich-rechtliche Körperschaften mit eigener Verfassung und Verwaltung.

Ihre Grenzen wurden in der Zeit der französischen Revolution durch die Gesetze vom 22. Dezember 1789 und vom 4. März 1790 auf der Grundlage der Kirchspiele (paroisses) geschaffen, die nirgends fehlte.[7]) Die deutsche Verwaltung hat den Umfang der einzelnen Gemeindegebiete, wie sie ihn im Jahre 1871 vorfand, anerkannt und ihn nur in Einzelfällen später mehrfach geändert.

---

[1]) Zusammenstellung desselben von 1894 in Carp. 12, S. 355.

[2]) Amtsbl., S. 45.

[3]) Ges. Bl., S. 75.

[4]) Ges. Bl., 1872, S. 49; Möller III, S. 181.

[5]) R. Ges. Bl. 1907, S. 759.

[6]) Vgl. Nelken, § 1[1].

[7]) Mayer, S. 447.

Die **Ortschaften** (sections, annexes) dagegen liegen, da das ganze Reichsland in Gemeindebezirke aufgeteilt ist,[1]) innerhalb von solchen und haben keine eigene ständige Verwaltung, sondern werden vertreten durch die Organe der Gemeinde, zu der sie gehören und nur ausnahmsweise[2]) durch einen Ortsausschuß „zur Begutachtung der besonderen Interessen der Ortschaft" und zur Führung der Prozesse gegen die eigene Gemeinde (§§ 3 und 5 des Ortsch. G.). Die einzelnen Ortschaftsangehörigen haben keine Verwaltungs- oder Vertretungsbefugnis; der Gemeinderat beschließt z. B., wie die Ortschaftsgüter bewirtschaftet und die Ortschaftsausgaben gedeckt werden sollen.[3]) Der geschichtliche Ursprung der Ortschaften ist verschiedenartig und in vielen Fällen überhaupt nicht zu ermitteln.[4]) Neue Ortschaften können bei der Vereinigung von Gemeinden auf Grund § 4 Abs. 1 und § 5 Abs. 1 G. O. entstehen.[5])

Bestritten ist, ob die Ortschaften im Sinne der §§ 2—7 G. O. juristische Personen sind und ob sie eigenes Vermögen besitzen müssen. Mandel (1895, S. 53) behauptet unter Heranziehung einer reichen französischen Literatur,[6]) das sei nicht Voraussetzung des Begriffs „Ortschaft", und man darf ihm wohl mit gewissen Einschränkungen zustimmen. Denn zur Zeit des Gesetzes „über die Gemeindeverwaltung" von 1837 hatte sich die juristische Persönlichkeit der Ortschaften offenbar noch nicht entwickelt, sondern erst im neueren französischen und deutschen Recht. Die gesetzlichen Bestimmungen aus der Zeit von 1837 reden nur von sections de communes (nicht aber von fractions de communes) und verstehen darunter sowohl Ortschaften mit als ohne Rechtsfähigkeit. Auch Mayer (1886, S. 448) sieht in der Ortschaft nur ein wesentliches, d. h. ein „von einer erheblichen Bevölkerung bewohntes Stück des Gemeindegebiets". Ähnlich Nelken (1896, § 3[6]).

---

[1]) Mandel, S. 53.

[2]) Insbesondere bei jeder Abtrennung einer Ortschaft vom Gemeindebann (§ 3 G. O.).

[3]) J. Z. f. E.-L., 32, S. 358: Urteil des O. L. G. Colmar v. 31. Okt. 1906.

[4]) Nelken, § 3[6].

[5]) Im Jahr 1897 gab es im Ober-Elsaß 4, im Unter-Elsaß keine und in Lothringen 216 Ortschaften.

[6]) Insbes. Aucoc, Sections.

Andererseits haben Carpentier,[1] Kisch,[2] Bruck[3]) und Molitor[4]) nicht unrecht, wenn sie die juristische Persönlichkeit und den Besitz von Vermögen auf Grund des neueren Rechts als Voraussetzung des Begriffs „Ortschaft" erklären. In den letzten Jahrzehnten war eben die tatsächliche Rechtsentwicklung dahin gegangen; die französische und die deutsche Jurisprudenz waren ihr gefolgt, ebenso schließlich auch das Ortschaftsgesetz von 1897, das zur Zeit des Erscheinens des Werkes von Leoni-Mandel noch nicht entworfen war. Eine Ortschaft im engeren Sinn des neuesten reichsländischen Rechts muß also wohl immer rechtsfähig sein.

Es ist jedoch zu beachten, daß in den §§ 2—7 der G. O. die bisherigen Rechtssätze und Rechtsbegriffe übernommen wurden. Demnach ist anzunehmen, daß auch mit dem Worte „Ortschaft" in der G. O. nichts anderes gemeint sein sollte, als mit dem Ausdruck „sections" in dem Gesetz von 1837 und in der dazu bis in die 90er Jahre erschienenen rechtswissenschaftlichen Literatur, die noch nicht zwischen Ortschaften (sections) und Gemeindeteilen (fractions) unterschied.

Daraus ergibt sich: „Ortschaft" in dem weiteren Sinne der §§ 2—7 der G. O. ist jeder Teil eines Gemeindegebiets, der in der Regel räumlich erkennbar von dem Hauptort der Gemeinde getrennt, in sich abgeschlossen und von einer nicht unerheblichen Zahl Menschen bewohnt ist, der aber nicht notwendig juristische Persönlichkeit und Vermögen und deshalb auch nicht die rechtliche Selbständigkeit einer „Ortschaft" im engeren Sinne besitzen muß.[5]) Oder kurz: Ortschaften im weiteren Sinn der §§ 2—7 G. O.

---

[1]) Carp. 1894. 12. „commune", n. 1614 f.

[2]) Kisch, 1905, S. 140.

[3]) Bruck, Verwaltungs-Recht 1908, I, S. 356 u. G. O., § 1².

[4]) Molitor, 1912, S. 324.

[5]) Die Ortschaft im e. S. des Ortsch. Ges. ist aber selbstverständlich keine juristische Person des Privatrechts, wie Bruck, G. O., § 1² u. Verw. Recht, I, S. 356 meint, sondern eine öffentlich-rechtliche Person mit öffentlich-rechtlichem Vermögen (vgl. Molitor, S. 20, Fußn. 2 u. Kisch, S. 136). Daß sie nicht „öffentliches Eigentum" besitzen kann (vgl. § 4 Abs. 2 und § 5 Abs. 2 G. O.), ändert hieran nichts.

sind die rechtsfähigen eigentlichen Ortschaften und größere Gemeindeteile.

Wollte man das Wort „Ortschaft" in den §§ 2—7 der G. O. nicht so wie hier auffassen, so hätte die Gemeindeordnung nur über die Form, nicht aber über die Folgen der Abtrennung solcher Gemeindeteile (in § 2, Satz 2) Bestimmungen getroffen. Das ist nicht wahrscheinlich und eine nur analoge Anwendung des § 5 auf jene Gemeindeteile wäre doch bedenklich. Aber auch die Worte in § 34 Abs. 2 der G. O. „jede Ortschaft, welche eigenes Vermögen besitzt" lassen darauf schließen, daß die Gemeindeordnung auch Gemeindeteile, welche kein Vermögen besitzen, Ortschaften nennt.

Wenn also die Gemeindeordnung in § 7 von „allen Fällen einer Vereinigung oder Teilung von Gemeinden" spricht, so meint sie damit sicher nicht nur, wie in § 2 Satz 1 „die Errichtung neuer sowie die Auflösung bestehender Gemeinden", denn dann hätte sie in § 7 die gleichen Worte wieder gebraucht, sondern sie umfaßt damit zugleich auch die Fälle von Gemeindegrenz-Verschiebungen im Sinne des Satzes 2 von § 2, also die Abtrennung von bewohnten Gemeindeteilen (Ortschaften in dem weiteren, oben dargelegten, Sinn); das geht insbesondere auch klar aus dem fast wörtlich gleichen Text des dem § 7 zugrunde liegenden Art. 8 des Gesetzes von 1837 hervor, der ebenso „alle Fälle" von réunion ou fractionnement (nicht wie sonst „distraction"!) de communes treffen will, also gerade alle Arten von Zusammenlegungen oder Abzweigungen (Zersplitterungen) von Gemeinden und Gemeindeteilen.[1])

Entsprechend diesem Sinn der Worte „Vereinigung oder Teilung von Gemeinden" im § 7 G. O. sind im Folgenden also auch alle Arten von Gemeindegrenzänderungen in Elsaß-Lothringen nach dem geltenden Recht zu erörtern, insbesondere auch die „Gemeindegrenzverschiebungen".

Der Begriff Grenzänderung in diesem Sinne umfaßt also folgende Fälle:

---

[1]) Andr. Meing. Bruck, G. O., § 7[1] u. Nelken § 7[1]. Es ist aber nur logisch, die Neuwahlen des Gemeinderats gemäß § 7 G. O., bei Abtrennung der oft großen sections und fractions ebenso zu verlangen, wie bei der „Vereinigung oder Teilung von Gemeinden" (s. unten S. 38).

1. **Die Vereinigung von Gemeinden mit einer Gemeinde** („Eingemeindung"); ihr muß die Auflösung mindestens einer Gemeinde vorangehen.

2. **Die Vereinigung von Ortschaften i. w. S.** (mit oder ohne Eigenvermögen) **mit Gemeinden** („Grenzverschiebungen"); sie setzt voraus

a) die Abtrennung der Ortschaft von der bisherigen Gemeinde („Umlegung)", also eine Verkleinerung des Gebiets der Muttergemeinde oder

b) die gänzliche Auflösung einer Gemeinde in mehrere Teile („Gemeindezertrümmerung"); endlich:

3. **Die Neuerrichtung von Gemeinden**

a) aus Teilen anderer Gemeinden („Gemeindegründung") oder

b) aus mehreren gleich großen aufgelösten Gemeinden („Gemeindeverbindung").

Besonders zu berücksichtigen sind ferner die Fälle, wo die Gemeindebezirksänderung die Neuregelung der Grenzen von Bezirken, Kreisen oder Kantonen notwendig macht.

Nicht um Vereinigung oder Teilung von Gemeinden handelt es sich aber bei „Gemeindegrenzberichtigungen"; das sind die unerheblichen „Grenzverlegungen" (délimitations) auf ganz oder fast unbewohntem Gelände,[1]) die nach dem jetzt geltenden Recht im Wege der Katasterberichtigung durch das Ministerium vorgenommen werden.[2])

Aber auch die völligen „Verschmelzungen" aufgelöster, bisher selbständiger **Ortschaften mit ihrer eigenen Gemeinde** sind keine Gemeindebezirksänderungen; die Grenzen und Verwaltungsbefugnisse der Gemeinde ändern sich dabei nicht, sondern nur das Gemeindevermögen wächst durch den Verzicht der Ortschaft auf ihre Eigentums- und Nutzungsrechte. (vgl. Ortsch. Ges. § 3 u. § 2 Ziff. 2).

---

[1]) Vgl. Mayer, S. 447 ff.

[2]) Siehe Bruck, G. O., § 2^{9} und die dort angeführten und abgedruckten Bestimmungen. Vgl. auch Nelken § 2^{5}.

I. Teil.

Anlaß und Vorbereitung der Gemeindebezirks-Änderungen.

1. Der tatsächliche Anstoß zur Vereinigung oder Teilung von Gemeinden.

Die Gründe zur Verbindung oder Trennung von Gemeinden sind sehr mannigfach und in jedem Einzelfall werden wohl mehrere davon gegeben sein. Man kann dabei unterscheiden zwischen einfachen Zweckmäßigkeitsrücksichten und zwingenden kommunalen Existenz-Notwendigkeiten.

1. Namentlich die Entwürfe zu **Gemeindevereinigungen** werden sehr verschieden begründet, vor allem — und mit Recht — mit der engen wirtschaftlichen Zusammengehörigkeit der zu verbindenden Gemeinwesen.

Außerdem können noch verschiedene tatsächliche Verhältnisse den Anstoß zur Vereinigung geben. Oft reichen zum Beispiel die finanziellen Kräfte der Vorortgemeinde nicht, um die an sie herantretenden besonderen kulturellen und sozialen Aufgaben zu erfüllen, die durch die Nähe der Großstadt bedingt sind; die arme Bevölkerung der Vororte vermag für die öffentlichen Zwecke nicht soviel Mittel aufzubringen, wie die Stadt, für deren Industrie sie vielfach arbeitet und der reiche Steuererträgnisse gerade wieder von dieser Industrie zufließen. Umgekehrt liegt es zuweilen im Interesse der Stadt, sich Bau- oder Parkgelände rechtzeitig zu sichern, bevor ihr die Ausdehnungsmöglichkeit durch einen geschlossenen Vorortgürtel genommen wird, oder sich die Steuerkraft der im nächsten Umkreis billiger lebenden Villenbesitzer zu erhalten, die meist aus der Stadt selbst stammen und dort noch arbeiten. Oder es wünschen etwa die Nachbargemeinden, an die städtische Wasserleitung oder Kanalisation angeschlossen zu werden, nur um die Annehmlichkeiten davon mitgenießen zu können; die Stadt dagegen fürchtet, es könnten in den engen, wegen Mangels an Mitteln hygienisch schlecht versorgten Nachbargemeinden dicht vor den Stadtmauern Seuchen entstehen und auf die Stadt übergreifen, wenn sie ihre eigenen, allerdings kostspieligen Schutzmaßnahmen nicht auf jene Gemeinden ausdehnen kann. Oder es können Baufluchtlinien (alignements) und großzügige Bebauungspläne nicht aufgestellt, Trambahnlinien nicht durch die Vororte geführt werden, weil die Projekte immer wieder an dem Widerstand der letzteren scheitern. Oder auch die etwa gleich leistungsfähigen Landgemeinden Ober- und Niederdorfen z. B. verzichten beide auf ihre Selbständigkeit und bilden zusammen die neue Gemeinde Dorfen, weil weder räumlich eine große Entfernung noch irgend welche berechtigte Verschiedenheit zwischen ihnen besteht, und weil andererseits die Verwaltung dadurch erheblich verbilligt und durch die einheitliche Behandlung der meist schon bisher gemeinschaftlichen Angelegenheiten erheblich vereinfacht wird.

Diese Beispiele freiwilliger Gemeindevereinigung und der wichtigsten dazu führenden Gründe mögen genügen!

Es kann indes auch vorkommen, daß der Wunsch zu solchen Änderungen nicht von den Beteiligten selbst ausgeht, sondern daß diese im öffentlichen Interesse von den Aufsichtsbehörden dazu gezwungen werden müssen. Selbstverständlich wird nur dann so gegen den Willen der betroffenen Gemeinden vorgegangen werden, wenn die Umstände dies unumgänglich notwendig erscheinen lassen, z. B. wenn die bestehenden Kommunalverbände die an sie zu stellenden Anforderungen nicht zu erfüllen vermögen und sich der Einsicht hiervon verschließen[1]) oder wenn das dienstliche Interesse es erfordert.[2]) So sollen Gemeinden mit weniger als 300 Einwohner nach dem Min.-Zirkular vom 29. August 1849[3]) „unterdrückt und mit anderen vereinigt werden",

[1]) Nelken, § 2[4].

[2]) Reichlin, S. 3[4].

[3]) Bull. de l'Int. 1849. S. 383. Das Zirkular ist auf Grund des Art. 4 des Ges. v. 18. Juli 1837 erlassen; Mayer (S. 448) bestreitet, daß dieser Artikel ganz durch den Art. 13 des Ges. v. 1867 aufgehoben sei. (Vgl. auch unten S. 18[1].)

weil sie ihre öffentlich-rechtlichen Verpflichtungen zu erfüllen außer Stande sind,[1]) oder es können einzelne von der Hauptgemeinde abgelegene Parzellen mit einer anderen Gemeinde verbunden werden.[2])

Immer hat der Staat ein großes Interesse daran, die Kommunalverbände leistungsfähig zu erhalten und die Verwaltung zu erleichtern; deshalb steht ihm (nach § 2, Z. 2 der G. O.) das Recht zu, Maßnahmen für das Gemeinwohl auch gegen den Willen der beteiligten Gemeinden zu treffen, deren berechtigte Wünsche aber auch tunlichste Berücksichtigung finden können und müssen (vgl. G. O., § 3, Abs. 2).

2. **Die Teilung von Gemeinden** wird dagegen meist durch andere tatsächliche Verhältnisse veranlaßt als die Eingemeindung. Handelt es sich allerdings um die Abtrennung eines Gemeindeteils, der nur zu einer anderen Gemeinde geschlagen werden soll, so können dabei für die Trennung die gleichen Zweckmäßigkeitserwägungen oder organisatorischen Notwendigkeiten maßgebend sein, wie für die Einverleibung.

Anders dagegen bei der allerdings seltenen Errichtung neuer Gemeinden aus abgetrennten Gemeindebannstücken. Da kann zunächst von einer Verbilligung und Vereinfachung der Verwaltung gewöhnlich nicht die Rede sein, denn mehrere kleine Betriebe arbeiten bekanntlich überall teurer als ein großer. Deshalb werden oft diejenigen, welche die Gemeindegründung eifrig betrieben haben, die vollzogene Tatsache später heftig bereuen, wenn ihnen durch die Steigerung der Gemeindezuschläge bekannt wird, was die erstrebte Selbständigkeit der neuen Gemeinde kostet.[3])

Auch die verhältnismäßig große Entfernung der abzutrennenden Annexe von der Hauptgemeinde kann allein nicht eine solche Neuordnung rechtfertigen, denn mit den Verkehrsmitteln des 20. Jahrhunderts wird sich eine Entfernung von einigen Kilometern leicht überwinden lassen, die von den Bewohnern

[1]) Ähnlich z. B. Preuß. Landg. Ordn. für die 7 östlichen Provinzen vom 3. Juli 1891, § 2, Ziff. 2.

[2]) Vgl. G. O., § 2 [11].

[3]) Vgl. Reichlin, S. 3 [4].

bei Ausübung ihrer öffentlichen Rechte und Pflichten in den 120 Jahren seit Bildung der elsaß-lothringischen Gemeinden nicht als ein unleidliches Hindernis empfunden wurde.

Die wahren Gründe für solche Neuerrichtungen von Gemeinden liegen zumeist tiefer; sie sind aber keineswegs durchschlagender als diejenigen, die gewöhnlich den Anlaß zu Inkommunalisierungen geben. Im Gegenteil; sie sind oft kleinlich und egoistisch, während die Gründe für Gemeindevereinigungen — einem allerdings auch oft stark übertriebenen Zug der Zeit zur Verbandsbildung folgend — fast immer die Merkmale einer gewissen Großzügigkeit und eines verständnisvollen Gemeinsinns tragen.

So geben etwa Streitigkeiten der Ortschaftsangehörigen mit ihrer bisherigen Gemeindevertretung den Anlaß zu Teilungen, manchmal wohl gar nur rein persönliche Wünsche, wie die mancher Ortschaftsangehöriger nach den Würden der Vorstandschaft in der neuen Gemeinde. Andererseits läßt zuweilen der namentlich in den Gebirgsgegenden ganz Deutschlands verbreitete Autochthonen-Stolz die oft beisammen in getrennten Ortschaften seßhaften vor Jahrhunderten Eingewanderten nicht als voll gelten, und die Gemeindeverwaltung behandelt sie dementsprechend in verschiedenen Beziehungen stiefmütterlich. Kirchliche Angelegenheiten berühren zwar die politischen Gemeinden nicht unmittelbar, doch können auch Schwierigkeiten in der Pastoration und bei gemeinschaftlicher Benutzung von Kirchen und Kirchhöfen den Anstoß zu solchen Gemeinde-Neugründungen geben, wie überhaupt der, mitunter unnötig verschärfte, Unterschied im religiösen Bekenntnis zwischen den Bürgern der Muttergemeinde und denen der Ortschaft.

Häufig sind also Gemeindegründungspläne geboren aus dem engherzigen Geist der Zersplitterung und des Eigennutzes, der in großen und kleinen Gemeinwesen Deutschlands seit jeher viel Schaden gestiftet hat. Vielfach ist indes die Trennung gar nicht das geeignete Mittel, um die angegriffenen Mißstände zu beseitigen, sondern es kann durch einzelne andere Verwaltungsmaßnahmen ein erfreulicherer und dauernderer Erfolg erzielt werden. Die Verwaltungsbehörden werden deshalb gerade die

Anträge auf Neuerrichtung kleiner Gemeinden genau zu prüfen und ihrerseits von Amts wegen nur dann vorzugehen haben, wenn den Beteiligten die Beibehaltung der bisherigen Zustände wegen sonst unvermeidlicher, schwerer Schäden nicht zugemutet werden darf.

Immer aber ist natürlich vor allem darauf zu achten, ob die alte und die neue Gemeinde künftig finanziell selbständig und stark genug sein werden, ob also ihren notwendigen Ausgaben auch genügend Einnahmen gegenüberstehen.

Die Aufsichtsbehörden werden hier also auch oft aufklärend rechtzeitig in die Vorverhandlungen einzugreifen haben.

2. Das Vorverfahren.

Die Instruktion einer Gemeindebezirksänderung kann entweder durch den Antrag einer der beteiligten Gemeinden (G. O. § 2 Ziff. 1) in Form eines Gemeinderatsbeschlusses bei dem Bezirkspräsidenten angeregt werden, oder dieser kann sie (wie oben S. 14 erwähnt) von Amts wegen anordnen, veranlaßt z. B. durch eine Eingabe von Interessenten oder durch die Tatsache, daß die Einwohnerzahl einer Gemeinde unter 300 gesunken ist (s. oben S. 14f.).

Einen Gemeinderatsantrag muß der Präsident nach eingehenden Erhebungen prüfen, er muß ihm aber nicht stattgeben,[1] wenn er gewichtige Bedenken dagegen hat. Die Durchführung von Gemeindegrenzänderungen ist auch niemals an die Zustimmung der betreffenden Gemeinden gebunden.[2]

Das Verfahren zur Beschaffung der Grundlagen und eines Entwurfs für die künftige Gemeindebezirksänderung ist in den Ausführungsbestimmungen zur Gemeindeordnung nicht geregelt. Man muß hier zurückgehen auf 3 französische Ministerial-Zirkulare an die Präfekten aus den Jahren 1838,[3]) 1839[4]) und 1849[5]) sowie auf die Ministerial-Instruktion zur Ausführung

[1]) Zu weit geht der Ausdruck bei Bruck, G. O., § 3[6]: „Der Bezirkspräsident muß die Abänderung vornehmen".

[2]) Vgl. Mandel, S. 53, Nelken § 2[4] u. Bruck, G. O., § 2[11].

[3]) Circulaire du 30 Avril 1838. Dalloz, Rép., Bd. 9, I, S. 284, Sp. 1[1]).

[4]) Circulaire du 1er Octobre 1839. Dalloz, Rép., Bd. 9, I, S. 284, Sp. 2[1]).

[5]) Circulaire du 29 Août 1849. Bull. de l'Int., 1849, S. 383.

des Gesetzes vom 24. Juli 1867;[1]) diese Vorschriften finden sich zum Teil im Bulletin du ministère de l'Intérieur, zum Teil in Dalloz, Répertoire de législation.

Laut dieser Bestimmungen hat der Bezirkspräsident dem Ministerium, wenn dieses zuständig, nach Abschluß der Verhandlungen folgende Schriftstücke vorzulegen, von denen er sich in der Regel die meisten auch zu seiner eigenen Information schon vor der Eröffnung des in § 3 G. O. geregelten Verfahrens erholen wird, nämlich:

a) die ebenerwähnten Gemeinderatsbeschlüsse (s. auch S. 17 [3]) derjenigen Gemeinden, die eine Gemeindebezirksveränderung beantragen oder damit einverstanden sind (G. O. § 2 Ziff. 1);

b) das Gutachten eines Geometers (s. S. 17 [3]) oder Feldmessers;

c) das Gutachten des Direktors der direkten Steuern in Straßburg (s. S. 17 [3]);

d) 3, bei gleichzeitiger Änderung von Bezirksgrenzen 4, Ausfertigungen von guten übersichtlichen Ortsplänen (s. S. 17 [3], [4], [5]), in denen die neuen Grenzen eingezeichnet sind und die mit Erläuterungen versehen und unterschrieben sind.[2]) Sie dürfen nicht allzugroß sein, weil eine Ausfertigung der endgültigen Entscheidung über die Grenzänderung beigeheftet werden muß. Der Hauptort und der genaue Name der künftigen Gemeinde müssen angegeben sein (s. S. 17 [5]);

e) statistische Tabellen über Ausdehnung, Bevölkerung, Einnahmen und Ausgaben der Gemeinden mit den Gemeindebudgets als Beilage, sowie dieselben Tabellen von den abzutrennenden Gemeindeteilen (s. S. 17 [3 u. 4]);

---

[1]) Instruction du 3 Août 1867. Bull. de l'Int., 1867, S. 380ff.; sie sagt vor allem, daß der Art. 13 des Ges. v. 24. Juli 1867 über die Gemeinderäte keine Änderung der Regeln des I. Titels (Art. 1—8) des Ges. v. 18. Juli 1837 hinsichtlich der Instruktion solcher Grenzänderungen gebracht hat (S. 390).

[2]) Die Praxis verwendet vielfach (namentlich für Landgemeinden) die amtlichen Meßtischblätter im Maßstab 1 : 25000, in die von einem Feldmesser die beabsichtigte Grenzlinienführung eingetragen ist, wie sie dieser im Benehmen mit den Gemeinden und den einzelnen Beteiligten an Ort und Stelle vereinbart hat.

f) die Erhebungen über die Gemeindegüter und Gemeinderechte, sowie über ihre Teilung (s. S. 17 [3 u. 5]);

g) das begründete Gutachten des Bezirkspräsidenten „in Form eines Beschlusses", den er im Fall des § 2 Ziff. 1 G. O. selbst als Entscheidung erläßt (vgl. unten S. 29).

Dieses Gutachten wird noch einmal zusammenfassend etwa über folgende Punkte zu handeln haben, die also von vornherein zu untersuchen und festzustellen sind:

1. Banngrenzen nach der Änderung, Hauptort (Sitz der Verwaltung) der veränderten Gemeinden, Namen derselben.

2. Größe, Beschaffenheit, Wert- und Ertragsfähigkeit der Gemeindeländereien, die dem abzutrennenden Gemeindeteil (bzw. der einverleibten Gemeinde) verbleiben sollen.

3. Welche öffentliche Gebäude diesem Gemeindeteil zufallen sollen.

4. Die Zahl der Wohn- und Wirtschaftsgebäude, der Herdfeuer (feux, d. h. Haushaltungen) und der Einwohner des Gemeindeteils.

5. Die Zahl und Länge bzw. Größe der Vizinal- und Feldwege, der öffentlichen Plätze und der sonst zum öffentlichen Gebrauch dienenden Grundstücke auf dem Gebiet des Gemeindeteils.

6. Die in dem Gemeindeteil anfzubringenden Steuern.

7. Vermögen und Schulden, Jahreseinnahmen und -Ausgaben des Gemeindeteils und der künftig verkleinerten Muttergemeinde.

8. Das Verhältnis (nach der Zahl der Feuerstellen), in welchem das Vermögen und die Schulden zwischen der Muttergemeinde und der abzutrennenden Ortschaft zu teilen sind.

9. Welche von den beteiligten Gemeinden eine andere für die auf Kosten derselben durch die Vereinigung der Teilung erlangten besonderen Vorteile zu entschädigen hat, und in welcher Höhe.

10. Regelung der Kirchspielgrenzen, die mit den politischen Gemeindegrenzen aus Zweckmäßigkeitsgründen übereinstimmen sollen aber nicht müssen.

11. Übernahme der Gemeindebeamten der einverleibten Gemeinde (s. unten S. 37).

12. Weitergeltung von Ortsrecht in dem abgetrennten Gemeindeteil (s. unten S. 40ff.).

Neben diesen Vorbereitungen, bei denen meistens die Vermittlung des Kreisdirektors nicht zu entbehren sein wird und die oft infolge langwieriger Verhandlungen zwischen den Gemeinden viel Zeit beanspruchen werden, kann die Aufforderung an die Beteiligten, etwaige Einwendungen einzureichen (§ 3 G. O.), erlassen werden, während alle Gutachten zweckmäßig erst nach Durchführung der Sachbehandlung unter Vorlage der Akten erholt werden.

II. Teil.

Die Durchführung der Gemeindebezirksänderungen.

1. Das Untersuchungsverfahren (Enquete).

Das eigentliche Verfahren beginnt stets,[1]) gleichviel welche Stelle schließlich zur Verfügung der Grenzänderung zuständig ist,[2]) mit der Anordnung[3]) der „Enquete" de commodo et incommodo (Gemeindeordnung § 3 Abs. 1 und 2) durch den Bezirkspräsidenten. Dieses Untersuchungsverfahren umfaßt zweierlei: eine öffentliche Aufforderung an die Beteiligten zur Prüfung des Projekts und dann die Begutachtung desselben durch die Gemeinderäte, Ortsausschüsse, Kreis- und Bezirkstage.

I. Ist auf Grund der Vorverhandlungen ein genauer Entwurf der in Aussicht genommenen Grenzänderung samt den nötigen erläuternden Belegen aufgestellt, so „hat der Bezirkspräsident eine **Aufforderung** an die Beteiligten zu erlassen, etwaige Einwendungen innerhalb bestimmter Frist einzureichen" (G. O. § 3 Abs. 1).

„Beteiligt" ist jeder, der ein privates oder öffentliches Interesse an dem Fortbestand oder der Änderung des gegenwärtigen Zustandes hat, also auch fremde Gemeinden, denen z. B. Privatrechte an den abzutrennenden Grundstücken zustehen, nicht aber etwa Nachbargemeinden als solche, deren politische Grenzen nicht verändert werden[4]). Auch die von der Gebietsänderung „un-

---

[1]) Mayer S. 447.

[2]) Nelken § 3[1].

[3]) Diese ist nur aus gewichtigen Gründen zu verweigern, die in einem Beschluß näher darzulegen und den Antragstellern bekannt zu geben sind.

[4]) Nelken § 3[2].

mittelbar betroffenen"[1]) Körperschaften können hier schon (nicht nur später in ihren Gutachten) ihre Rechte geltend machen.

Die Aufforderung ist „in ortsüblicher Weise" (gemäß Min. Zirk. v. 20 Mai 1825) in allen „Gemeinden bekannt zu machen, welche unmittelbar von der Abänderung betroffen werden, also nicht in allen Gemeinden des Kantons, wenn zugleich eine Änderung des Kantons in Betracht kommt".[1]) Das sind somit „die beteiligten Gemeinden" im Sinne des § 2 Ziffer 1 und des § 3 Abs. 2 der G. O.

In der Veröffentlichung ist darauf hinzuweisen, daß die Vorverhandlungen nebst den zugehörigen Plänen, Tabellen und Gutachten (z. B. im Gemeindehaus der beteiligten Gemeinden) öffentlich zu jedermanns Einsicht während der festgesetzten Frist aufgelegt sind. Zugleich gibt der Bezirkspräsident bekannt, wen er zum Untersuchungskommissar ernannt hat (z. B. den Bürgermeister einer Nachbargemeinde) und wann und wo der Kommissar mündliche Einwendungen zu „Enquete-Protokoll" entgegennimmt (Zirkular v. 20. Mai 1825).

Im übrigen können schriftliche Einwendungen innerhalb der bestimmten Frist jederzeit an den Kommissar gerichtet werden.

Die Frist setzt der Bezirkspräsident nach freiem Ermessen fest; der bisherigen Übung zufolge beträgt sie mindestens 8, gewöhnlich aber 14 Tage.[2]) Nach Ablauf der Frist hat der Enquete-Kommissar mit der Bescheinigung, daß die Aufforderung öffentlich bekannt gemacht worden sei und daß die Verhandlungen während der Frist zur Einsichtnahme aufgelegt gewesen seien, die Akten samt dem Enquete-Protokoll und den eingelaufenen schriftlichen Einwendungen dem Bezirkspräsidenten zu übersenden.

Die Einwendungen werden vom Bezirkspräsidium geprüft und, soweit tunlich, unter Abänderung des Entwurfs, im Benehmen mit allen Beteiligten berücksichtigt. Zu einer etwa vom Bezirkspräsidenten vorgenommenen Ortsbesichtigung sind die Beteiligten zu laden.

---

[1]) Ausf. Bestimmungen Ziff. 1 zu § 3 der G. O.

[2]) Vgl. Nelken § 3[3] und hier oben S. 17[4].

II. Hierauf holt der Bezirkspräsident die in § 3 Abs. 2 der G. O. vorgeschriebenen **Gutachten** über den Entwurf ein[1]) und zwar

1. zunächst das der „unmittelbar betroffenen" Gemeinden,[2]) deren Gemeinderäte sich nun also zum 2. Mal mit dem Projekt befassen. Während sie aber das 1. Mal über die Stellung eines Antrags an die vorgesetzte Verwaltungsbehörde auf Änderung des Gemeindegebiets abstimmen oder ihr Einverständnis zu dem von anderer Seite ausgegangenen Plan im Allgemeinen erklären (bezw. verweigern), begutachten sie jetzt die einzelnen Teilungsbedingungen.

In den „kleinen" Gemeinden[3]) ist der Gemeinderat in diesem Falle gemäß § 3 Abs. 2 G. O. durch die ihm nicht angehörigen „Höchstbesteuerten" (im Sinne des § 44 Abs. 1 G. O.) in der Zahl der im Amt befindlichen Gemeinderatsmitglieder — also auf das doppelte — zu „verstärken" (vgl. auch Ausführungsbest. zu § 44).

2. Ein „Ortsausschuß zur Begutachtung" des Entwurfs (regelmäßig aber schon viel früher zur Führung der Teilungsverhandlungen mit der eigenen Gemeinde) muß gemäß § 3 Abs. 1 G. O. durch den Bezirkspräsidenten gebildet werden, wenn die Abtrennung einer Ortschaft in dem oben S. 10 erörterten weiteren Sinn der §§ 2—7 G. O., also einer juristischen Person oder eines erheblichen Gmeindeteils in Frage steht.

Nach dem auf S. 11 Gesagten bedarf die Ansicht, daß auch für Gemeindeteile ein Ortsausschuß zu bilden ist, wohl kaum mehr der weiteren Begründung. Es wäre unverständlich, wenn die Gemeindeordnung den oft zahlreichen Einwohnern eines Ge-

---

[1]) Selbstverständlich nicht nur „bei allen Anträgen auf Abänderungen von Gemeindebezirken", wie eine buchstabenmäßige Auslegung des Abs. 2 von § 3 der G. O. vielleicht annehmen könnte, sondern auch bei den von Amts wegen eingeleiteten Aenderungen; ebenso Nelken § 3[14] G. O. und Bruck § 3[4] G. O.

[2]) Ausf. Best. zu § 3 G. O. Abs. 1 Satz 2.

[3]) Bei sinngemäßer Anwendung des Abs. 2 von § 44 G. O. kann — auch bei Gemeindebezirksänderungen (G. O. § 3 Abs. 2) — die Heranziehung der Höchstbesteuerten in den „großen" Gemeinden nicht stattfinden; ebenso G. O. § 44[1].

meindeteils das der kleinsten Ortschaft gewährte Recht der eigenen korporativen Vertretung ihrer Interessen hätte versagen wollen, bloß weil ein Gemeindeteil keine juristische Person ist (a. A. Bruck, G. O. § 3[7]).

Die Mitgliederzahl des Ausschusses bestimmt der Bezirkspräsident. Der Ausschuß wird gewählt von den (aktiv) Wahlberechtigten (G. O. § 30) der Gemeinden, „welche in der Ortschaft ihren Wohnsitz haben" (G. O. § 3 Abs. 1). Wohnen in der Ortschaft nicht mindestens doppelt soviel Wahlberechtigte, als Ausschußmitglieder gewählt werden sollen, so wird der Ausschuß in der vom Bezirkspräsidenten festgesetzten Stärke ohne jegliche Wahlhandlung aus den in der Ortschaft wohnhaften Höchstbesteuerten im Sinn des § 44 G. O. gebildet (Ausf. Best. zu § 3 Ziff. 2).

Wählbar sind nur die in der Ortschaft ansässigen Wahlberechtigten (§ 30 G. O. u. Ausf. Best. zu § 3 Ziff. 2). Bruck[1]) meint, wohl mit Begründung aus § 40 Abs. 3 der G. O., die im Amt befindlichen Gemeinderatsmitglieder könnten nicht zugleich auch Angehörige des Ortsausschusses sein (Inkompatibilität). Nelken[2]) dagegen hält die beiden Ämter für vereinbar. Er weist hin auf die frühere Gesetzgebung und Praxis, insbesondere auf einen Min.-Erlaß vom Jahr 1849, demzufolge der Ortsausschuß nicht dem Gemeinderat gleichgeachtet werden könne. Auch praktische Erwägungen würden die Vereinbarkeit fordern, da es nämlich in kleineren Ortschaften an für den Ortsausschuß geeigneten Persönlichkeiten sonst sehr oft fehlen würde. Man wird ihm beipflichten können.

Auf die Wahlen zum Ortsausschuß und also auch auf ihre Anfechtung im Verwaltungsstreitverfahren finden die Vorschriften über die Gemeinderatswahlen Anwendung (Ausf. Best. zu § 3 a. E.). Der Ausschuß wählt selbst seinen Vorsitzenden (G. O. § 3 Abs. 1), die Form dieser Wahl ist ihm überlassen. Er kann sich auch seine Geschäfsordnung selbst geben.

3. Schließlich haben noch die zuständigen Kreis- und Bezirkstage ihr Gutachten abzugeben; daß diese somit auch die

[1]) Bruck, Verw. Recht I, S. 357 und G. O. § 3[6].

[2]) Nelken § 3[12].

einzelnen Bedingungen der Gemeindebezirksänderungen begutachten, ist gegenüber dem früheren Recht (Art. 13 des Ges. v. 24. Juli 1867) eine Neuerung.[1]) Es wird aber genügen, wenn sie nach entsprechender Prüfung der Einzelheiten des Entwurfs nur im Allgemeinen kurz ihr Votum nach Maßgabe der von ihnen wahrzunehmenden Interessen abgeben; namentlich der Bezirkstag wird sich nicht mehr über die einzelnen Bedingungen auszulassen haben.

III. Haben alle Gutachter (vgl. oben S. 18) auf Grund der ihnen vorgelegten sämtlichen Akten sich geäußert, so gehen diese an das Bezirkspräsidium zurück und von dort, wenn der Präsident nicht selbst zur Entscheidung zuständig ist (G. O. § 2 Ziff. 1), ans Ministerium.

Die Aufsichtsbehörden werden durch die zustimmenden oder abfälligen Gutachten natürlich nicht gebunden,[2]) sondern nur informiert; namentlich der Bezirkspräsident wird aber auch jetzt noch etwa geäußerten erfüllbaren Wünschen Rechnung tragen und eine möglichst vollständige Einigung unter allen Beteiligten herbeizuführen suchen.

Zu beachten ist jedoch, daß der Grenzänderungsbeschluß ungesetzlich ist, wenn die Enquete sich auf ein Projekt bezogen hat, das in wichtigen Punkten von demjenigen abweicht, über das der Beschluß entscheidet,[3]) oder wenn gegen wesentliche Vorschriften über die Form der Enquete verstoßen worden ist.

2. Die äußere Form der Entscheidung.

I. „Die Errichtung neuer sowie die Auflösung bestehender Gemeinden erfolgt durch Kais. Verordnung“: das ist der in § 2 der G. O. an die Spitze des Abschnittes über den Gemeindebann gestellte Grundsatz. Da nun mindestens eine Gemeinde durch Kais. Verordnung aufgelöst werden muß, wenn ganze Gemeinden miteinander vereinigt werden sollen, so ist auch eine solche Verordnung für die Vereinigung von Gemeinden erforderlich.

[1]) Mandel S. 45[3].

[2]) Näher. s. G. O. § 3[3].

[3]) Carp. Tome 12 „commune“ n. 113.

Die „im Namen des Reichs für Elsaß-Lothringen" ergehende Kais. Verordnung, welche die Auflösung,[1]) die Vereinigung[1]) oder die Neuerrichtung[2]) von Gemeinden „auf Grund des § 2 der G. O." verfügt, wird vom Statthalter in Elsaß-Lothringen „im Allerhöchsten Auftrag" erlassen („vollzogen"[3]).

Die Befugnis dazu kann jedem Statthalter persönlich auf Grund des § 3 der Verf. von Elsaß-Lothringen vom 31. Mai 1911 durch Kaiserliche Verordnung verliehen werden, die vom Reichskanzler gegengezeichnet und im Reichsgesetzblatt verkündet wird. Die letzte solche Verordnung — die vom 23. November 1907, betreffend die Übertragung landesherrlicher Befugnisse auf den Statthalter in Elsaß-Lothringen (Reichsges. Bl. 1907 S. 759) — hat dem jetzigen Statthalter unter anderem „die Befugnis zu Änderungen in der Umgrenzung der Kreise und Gemeinden, insoweit sie nach dem geltenden Recht dem Staatsoberhaupt vorbehalten ist", übertragen. Diese „Delegation" ist durch die neue Verfassung nicht berührt worden und steht noch in Geltung.[4])

Die Verkündung der Verordnung geschieht nach dem noch geltenden § 1 des Gesetzes vom 3. Juli 1871 (Ges. Bl. S. 2) im Gesetzblatt für Elsaß-Lothringen.

Die Verordnung verleiht der neuerrichteten Gemeinde die juristische Persönlichkeit, ferner entsprechend einer feststehenden Praxis (Mandel S. 55) den Namen[5]) und das Wappen.[6]) Sie bestimmt auch den Hauptort der veränderten Gemeinden[6]) (den

[1]) Beispiel: Auflösung der Gemeinde Sablon und ihre Vereinigung mit Metz unter gleichzeitiger Änderung der Kantonsgrenzen mit Wirkung vom 1. 4. 1914 ab. Ges. Bl. 1910 S. 69.

[2]) Beispiel: Teilung der Gemeinde Wallingen i. L. in die Gemeinden Wallingen und Kluingen und Errichtung der bisherigen Ortschaft Kluingen zur selbständigen Gemeinde. Ges. Bl. 1907 S. 9.

[3]) Mandel S. 53[7].

[4]) Heim Verf. § 3 S. 40.

[5] Auch die Namen bestehender Gemeinden werden durch Kais. Verordn. geändert, z. B. (1912) St. Hubert statt Villers-Bettnach, die Namensschreibweise stellt dagegen das Ministerium fest, z. B. Bisten i. Lothr. statt bisher Bisten im Loch (Beiblatt z. A. Bl. 1907 S. 113). Über das frühere Namensänderungsrecht vergl. Carp. T. 12 „commune" n. 97—101, über das jetzige Mandel S. 55.

[6]) Auf Vorschlag des Bezirkspräsidenten (s. oben S. 19 Ziff. 1).

Sitz der Verwaltung), wo dieser zweifelhaft sein könnte, sie stellt aber nicht die „übrigen Bedingungen" fest, sondern überläßt dies einem Beschluß des Ministeriums (G. O. § 6 S. 2; vgl. auch unten S. 29).

II. „Alle übrigen Abänderungen eines Gemeindebezirks" außer den unter I besprochenen, also (vgl. die Zusammenstellung auf S. 12) nur die „Umlegungen" von Ortschaften (im weiteren Sinne) von einem Gemeindebann in einen anderen benachbarten ohne Auflösung der Muttergemeinde, erfolgen (nach § 2 Satz 2 der G. O.),

1) falls die Gemeinderäte der beteiligten Gemeinden einverstanden sind, durch den Bezirkspräsidenten;[1])

2) falls sie nicht einverstanden sind, durch das Ministerium.[2])

Es ist irrig, wenn Bruck (G. O. § 2 [7]) sagt: „Alle übrigen Änderungen des Gemeindebezirks erfolgen, wenn die Gemeinden in verschiedenen Bezirken liegen, durch das Ministerium." Die Grenzen eines Bezirks können nach § 3 des Gesetzes vom 30. Dezember 1871 (Ges. Bl. 1872 S. 49, Möller III S. 181) nicht vom Ministerium, auch nicht kraft Delegation vom Statthalter (vgl. oben S. 26 den Inhalt der Verordnung betr. die Übertragung landesherrlicher Befugnisse auf den Statthalter vom 23. November 1907), sondern nur vom Kaiser selbst durch Verordnung geändert werden. Aber auch die Änderung der Kreisgrenzen erfordert eine Kaiserliche (durch den Statthalter zu vollziehende) Verordnung. Soll also zugleich mit einer Gemeindegrenze die Grenze eines Bezirks oder Kreises verlegt werden, so richtet sich die Zuständigkeit ausschließlich[3]) nach § 3 des Gesetzes von 1871 (s. unten III). Die Bruckfche Ansicht könnte somit nur für diejenigen Fälle Berechtigung haben, wo Gemeindegrenzen verändert werden, nicht aber die bisher mit ihnen zusammengefallenen Bezirksgrenzen, wo also künftig die Bezirksgrenzen durch ein Gemeindegebiet durchgehen. Solche Fälle werden kaum vorkommen.[4])

---

[1]) Bepiel: Amtsbl. 1908 S. 28.

[2]) Beispiel: Amtsbl. 1905 S. 101.

[3]) Ebenso Möller II S. 505[17] und Mandel S. 54.

[4]) Vgl. auch die ursprüngliche Festsetzung der Bezirksgrenzen nach Kantonen im § 2 des Ges. v. 30. 12. 1871.

„Beteiligt" sind nur die „unmittelbar betroffenen" Gemeinden, nicht aber diejenigen, welche Privatrechte oder sonstige Interessen in der zu verändernden Gemeinde besitzen, mögen diese auch noch so bedeutend sein. Gemeinden der letzteren Art dürfen nur Einwendungen erheben (§ 3), wie alle privatrechtlich Beteiligten, ihr Einverständnis haben sie aber nicht zu erklären und ihre Wünsche müssen gegenüber dem öffentlichen Interesse und dem Gemeinwohl zurücktreten.[1])

Nelken (§ 2 [7]) weist noch darauf hin, daß der Bezirkspräsident einen auf Grund § 2 Ziff. 2 ergangenen Beschluß des Ministeriums laut § 2 Ziff. 1 G. O. rückgängig machen kann, wenn später die Gemeinderäte einem geänderten Entwurf zustimmen; er wird sich aber, meint Nelken mit Recht, aus praktischen Rücksichten und allgemeinen Verwaltungsgrundsätzen vorher der Zustimmung des Ministeriums vergewissern müssen.

Verkündet werden diese Gemeindebezirksänderungen (mangels einer besonderen gesetzlichen Vorschrift) im Amtsblatt.

III. Wenn Grenzänderungen der Bezirke, Kreise oder Kantone durch die Verlegung von Gemeindegrenzen veranlaßt werden, so erfolgen gemäß § 3 des Gesetzes vom 30. Dezember 1871, welcher die Anwendung des § 2 der Gemeindeordnung ausschließt,

1) die Änderungen des Bezirks durch Kaiserliche Verordnung, deren Vollziehung dem Statthalter zurzeit nicht überlassen ist (s. oben S. 26),[2])

2) die der Kreise durch Kais. Verordnung, welche der Statthalter vollzieht (Delegation v. 23. November 1907, s. oben S. 26), und

3) die der Kantone durch den Statthalter als Rechtsnachfolger des Reichskanzlers.[3])

In diesen Fällen sind stets die abgeschlossenen Instruktionsverhandlungen zunächst — also offenbar schon vor Er-

---

[1]) Nelken § 2[6].

[2]) Beispiel: Der zu Elsaß-Lothringen gehörige Teil der Gemeinde R. wird von dem Bezirk Lothringen und dem Kreis S. getrennt und dem Bezirk Unter-Elsaß und dem Kreis M. zugeteilt (Verordn. v. 1. 3. 1873, Ges. Bl.-S. 50).

[3]) Beispiel: Verordn. des Statthalters vom 12. 11. 1879 (Möller III S. 1046).

öffnung des Untersuchungsverfahrens (§ 3 G. O.) — dem Ministerium einzureichen (Ausf. Best. zu § 2 Ziff. 1).

3. Der Inhalt der Entscheidung.

Von den grenzändernden Beschlüssen des Bezirkspräsidenten und des Ministeriums sowie den Kais. Verordnungen gleichen Inhalts enthalten nur die letzteren nichts über die Teilungsbedingungen (G. O. § 6 Satz 2). Sie ordnen lediglich die Auflösung oder Neubildung von Gemeinden „nach Maßgabe des beigehefteten Plans" und einiger kurzer Flächenangaben an, geben Aufschluß über den Namen und unter Umständen über den Hauptort (Sitz der Verwaltung, s. oben S. 26) der betroffenen Gemeinden und setzen den Tag des Eintritts des neuen Zustandes fest. „Alle übrigen Bedingungen der Abänderung eines Gemeindebezirks" (G. O. § 6) werden in diesem Fall in einem besonderen Beschluß des Ministeriums, das mit der Ausführung der Verordnung beauftragt wird, also gleichsam als Ausführungsbestimmungen, „festgestellt".

Entscheidet dagegen das Ministerium oder der Bezirkspräsident selbst, so enthalten ihre „Beschlüsse" sowohl die Anordnung der Änderung als auch die näheren Bedingungen, über die zugleich mitentschieden wird,[1]) soweit ein Einverständnis zwischen den Beteiligten noch nicht erzielt war.

In den Beschlüssen wird also Anordnung getroffen (vgl. oben S. 19 Ziff. 1ff.)

über die gleichmäßige Fortdauer oder die Teilung der Rechte am privaten Gemeindevermögen (biens communaux und biens patrimoniaux) und über die Verwendung von seinen Erträgnissen,

über die Rechte und Pflichten der Gemeindebürger hinsichtlich der Benutzung der verschiedenen Gemeindeanstalten,

über die etwa von der einen Gemeinde an die andere zu zahlende Entschädigung,

über die Verteilung der Kosten des Verfahrens,

über den Verbleib und die Benützung der Gemeindearchivalien,[2])

---

[1]) Ebenso Art. 7 des Gesetzes über die Gemeindeverwaltung vom 18. 7. 1837.

[2]) Vgl. G. O. § 17[13] und die dort angeführten Bestimmungen.

und unter Umständen auch darüber, inwieweit das bisherige Ortsrecht in dem einverleibten Teil oder in der neuerrichteten Gemeinde weiter gelten soll (darüber s. unten S. 40 ff., bes. S. 47).

Die Gemeindeordnung gebraucht die Worte „alle übrigen Bedingungen" im unmittelbaren Anschluß an die vorhergehenden §§ 4 und 5. Soweit also deren Bestimmung über die Wirkung der Gebietsänderungen auf das Vermögen der Gemeinde und insbesondere auf das öffentliche Eigentum nicht durch Vertrag zwischen den Gemeinden abgeändert werden, brauchen sie in den Beschlüssen nicht wiederholt zu werden. Wo das dennoch der Klarheit und der Vollständigkeit halber und unter Hinweis auf die §§ 4 und 5 geschieht, wird es kaum zu beanstanden sein.

Streitigkeiten, die nachträglich über die in den Beschlüssen festgelegten Teilungsbedingungen entstehen, sind in dem Verfahren nach dem noch in Geltung befindlichen Art. 1 des Abschnittes V des Gesetzes vom 10. Juni 1793 (Möller II S. 65[1]) auf Grund eines Gutachtens des Kreisdirektors vom Bezirkspräsidenten zu schlichten.[1])

Streitigkeiten über neu geänderte (und über bestehende) Gemeindegrenzen dürfen nicht, wie jene Teilungsstreitigkeiten, in den Beschlüssen entschieden werden (G. O. § 8 mit § 70 Abs. 1 und 4), weil sie dem Verwaltungsstreitverfahren überwiesen sind.

Ebensowenig dürfen private Rechte, die auf besonderem Rechtsgrund (Vertrag, Verjährung) beruhen, in dem Grenzänderungsverfahren berührt oder streitige Rechte dieser Art hiebei festgestellt werden, weil hiefür die Zivilgerichte zuständig sind.[2])

Überhaupt ist in allen Fällen der Grundsatz der Trennung der Justiz von der Verwaltung (séparation des pouvoirs)[3]) stets im Auge zu behalten.

---

[1]) Nelken § 6[2] und Mandel S. 55. Vgl. auch Carp. Tome 12 „commune" n. 157—166.

[2]) Vgl. G. O. § 6[4] und Reichlin S. 8.

[3]) Näheres darüber siehe z. B. im Archiv für öffentliches Recht 1907 (Rettmann). S. 71—145.

III. Teil.

Die Wirkung der Gemeindebezirksänderungen.

1. Im Allgemeinen.

Die Änderung von Gemeindebezirken kann nach dem in Elsaß-Lothringen geltenden Recht gesetzliche (G. O. § 4 und 5) und durch Vertrag vereinbarte (vgl. G. O. § 6) Wirkungen haben.

Die Wirkungen treten erst zu dem in der Kais. Verordnung oder in dem Grenzänderungsbeschluß bestimmten Termin ein, frühestens also mit der ortsüblichen öffentlichen Verkündigung.[1]) Es ist gesetzlich nicht vorgesehen und deshalb wohl nicht zulässig, daß den Entscheidungen rückwirkende Kraft, etwa zurück bis zum Tag des Vertragsabschlusses zwischen den Gemeinden, verliehen werden kann.[2]) Es läßt sich auch nicht behaupten, daß die Gemeindebezirksänderung allein auf Grund der Vereinbarung zwischen den Gemeinden in Kraft trete, denn diese Vereinbarung ist nicht rechtswirsam, solange nicht von der zuständigen höheren Stelle über die Änderung überhaupt entschieden ist. Der Zeitpunkt des Inkrafttretens ist namentlich hinsichtlich der Steuerpflicht der Gemeindeangehörigen wichtig.

---

[1]) Analog dem Abs. 2 der Ausführungsbestimmungen zu § 16; siehe auch Mandel S. 108. Ist kein anderer Termin bestimmt, so treten K. Verordnungen (wie Gesesetze — § 5 Abs. 2 der Verfassg.) nach dem Gesetze vom 3. 7. 1871 erst 14 Tage nach Ausgabe des betr. Gesetzblattes in Kraft. Bruck, Verw. Recht I S. 245.

[2]) Ebenso das Urteil des preuß. Oberverw. Ger. v. 27. 2 1912. Deutsche Juristenzeitung 1912 Spalte 1414.

2. Die Änderung des Gemeindegebietes und ihre Folgen.

Die verschiedenartigen (s. oben S. 12) Vereinigungen oder Teilungen von Gemeinden haben in erster Linie natürlich eine Vergrößerung oder Verkleinerung des Gemeindebannes[1]) und unter Umständen des Kreises oder Bezirks zur Folge, wenn nämlich deren Grenzen mit den abzuändernden Gemeindegrenzen zusammenfallen.

Die Reichstags- und Landtags-Wahlbezirke werden jedoch dadurch nicht berührt, denn nicht nur die ersteren, sondern auch die letzteren[2]) sind in Elsaß-Lothringen reichsrechtlich festgelegt. Auch praktische Erwägungen sprechen gegen ihre Änderung, denn die Wahlbezirke sind tunlichst nach der Bevölkerungszahl bemessen und die ohnehin rasch zunehmenden städtischen Wahlbezirke z. B. würden sonst infolge von Eingemeindungen bald an Wählerzahl viel stärker sein als die umliegenden ländlichen.

Dagegen hat die Verlegung der Gemeindegrenzen die entsprechende Berichtigung der Bezirke der Amtsgerichte, Gewerbe- und Kaufmannsgerichte zur unmittelbaren Folge,[3]) weil die Grenzen dieser Gerichtsbezirke regelmäßig von Gemeindegrenzen gebildet werden.[4])

Die Gemarkungen von Kirchengemeinden (Kirchspielen,

---

[1]) Bei Teilungen werden die Grenzen möglichst so gezogen, daß die Grundstücke in der Wohnsitzgemeinde ihres Eigentümers liegen. — Über Teilungs- und Grenzstreitigkeiten s. oben S. 30.

[2]) Durch § 1 Abs. 3 des Wahlgesetzes v. 31. Mai 1911 und durch Kais. Verordnung v. 31. Juli 1911 (Reichsges. Blatt S. 45). Diese reichsrechtlichen Vorschriften können allerdings künftig durch Landesgesetz geändert werden, nur die Verfassung selbst nicht. Es können also wohl auch die Grenzen der Landtagswahlkreise künftig durch Kaiserl. Verordnung ausdrücklich, aber niemals stillschweigend gelegentlich von Gemeindegebietsregelungen, neu bestimmt werden.

[3]) Sonst werden die Bezirke von Amtsgerichten auf Grund § 2 des Ges. vom 14. Juli 1871 (Ges. Bl. S. 165) und des § 7 des Ges. vom 4. November 1878 (Ges. Bl. S. 65) vom Statthalter durch Verordnung geregelt.

[4]) Vgl. Verordng. v. 3. April 1909 (Ges. Bl. S. 54); ferner Gew. Ger. Ges. für Elsaß-Lothr. v. 23. März 1880 (Ges. Bl. S. 45) § 1 und — infolge Kais. Verordng. vom 29. Januar 1913 (Ges. Bl. S. 5) — für die Zeit nach dem 1. Januar 1914 das R. Gew. Ger. Ges. v. 29. Juli 1890 (R. Ges. Bl. 1901 S. 353) § 1 Abs. 2; schließl. R. Kaufm.-Ger. Ges. v. 6. Juli 1904 (R. G. Bl. S. 266) § 1 Abs 2 und 3.

Pfarrsprengeln, Parochien, paroisses), die in der Revolutionszeit die Grundlage für die Einteilung des Landes in Gemeinden gegeben haben, sind nun von diesen unabhängig, sollen aber aus Zweckmäßigkeitsgründen mit ihnen übereinstimmen.

Die Gebiete, auf denen sich die Syndikatsgenossenschaften[1]) einzelner Grundeigentümer für Flurbereinigung, landwirtschaftliche Meliorationen aller Art, Wasserleitungen usw. betätigen, sind an die Gemeindegrenzen nicht gebunden und bleiben bei deren Verlegung also unberührt.[2])

Das gilt ebenso für die Fischereigenossenschaften nach § 14 des Fischereigesetzes vom 2. Juli 1891, nicht aber für Fischereigenossenschaften nach § 15 dieses Gesetzes.

Die Gemeinde-Jagdbezirke vergrößern oder verkleinern sich mit dem Gemeindebann, denn laut Jagdgesetz vom 7. Februar 1881 § 2 wird das Jagdrecht namens und auf Rechnung der Grundeigentümer durch die Gemeinde ausgeübt und die Jagd für jeden Gemeindebann versteigert. Bis zur nächsten Neuverpachtung (alle 9 Jahre) hat allerdings die neue Gemeinde alle Verpflichtungen der bisherigen Verpächterin als deren Rechtsnachfolgerin zu erfüllen (vgl. auch § 4 Abs. 3 des Jagdgesetzes).

Der Ortsarmenverband ist nichts anderes als die Gemeinde in armenrechtlicher Hinsicht[3]) und wechselt daher mit ihr seine Grenzen (Unterstütz. Wohns. Ges. § 3 und Els.-Lothr. Ausführ. Ges. dazu v. 8. November 1909, Ges. Bl. S. 105, § 3 und 4).

Indes hat das Bundesamt für Heimatwesen bisher in ständiger Rechtsprechung[4]) entschieden, daß die Zeit des Aufenthalts in dem früheren (unter Umst. aufgelösten) Ortsarmenverband nach der Inkommunalisierung auf die Frist für den Erwerb des Unterstützungswohnsitzes in dem neuen Armenverband nicht angerechnet werde; die bisher verstrichene Frist werde

[1]) Gesetze vom 21. Juni 1865, vom 11. Mai 1877 und vom 14. April 1884.

[2]) Anders die Syndikatsgebiete bei der Vereinigung mehrerer Gemeinden zur gemeinschaftlichen Ausführung von Wasserleitungen, Entwässerungen und Bewässerungen nach dem („Syndikats"-) Gesetz v. 11. Juni 1902 (Ges. Bl. S. 55). Vgl. unt. S. 54.

[3]) Molitor S. 20 Fußn. 1 und Sommer, Els.-lothringisches Armenrecht S. 98.

[4]) Vgl. Wohlers-Krech, Unterst. Wohns. Ges. § 10. Anm. 1a.

vielmehr unterbrochen und es beginne vom Tage der Einverleibung ab eine neue 2-jährige Frist zu laufen. Eine Rechtsnachfolge hinsichtlich der zur Zeit der Gebietsveränderung noch nicht entstandenen Rechte und Pflichten sei nämlich unmöglich, denn der Unterstützungswohnsitz werde nicht von Tag zu Tag fortschreitend allmählich erworben, sondern erst mit dem Tag des Ablaufes der vollen 2-jährigen Frist; bis dahin dauere er noch an dem Orte fort, wo er früher bestanden habe. Die Vereinigung von Ortsarmenverbänden habe also die gleiche Wirkung wie der Umzug des Unterstützungsanwärters von einem Ortsarmenverband in einen anderen.[1])

Alle diejenigen, die trotz mehr als 2-jährigen (nun, seit der Novelle v. 30. Mai 1908, einjährigen) Aufenthalts an demselben Ort einen Unterstützungswohnsitz nicht erworben haben, fallen also nach dieser Rechtsprechung dem Landarmenverband zur Last. Dieses Ergebnis befriedigt nicht und entspricht auch nicht den Bedürfnissen der Praxis. Eher wird man der anderen in der Verwaltungsrechtsprechung bisher wiederholt vertretenen Auffassung beipflichten, daß sich an den wirtschaftlichen Beziehungen unter den Bewohnern durch die Vereinigung oder Teilung nicht das geringste geändert habe, sondern daß nur die öffentlich-rechtliche Stellung des Gemeinwesens, dem die betreffenden Personen als Mitglieder angehören, gewechselt habe, daß es also eine unbegründete Überschätzung des formellen Moments sei, wenn man jemand nicht die Unsterstützungsansprüche aus einem zweijährigen (jetzt einjährigen) Aufenthalt an einem und demselben Ort zusprechen wolle, nur weil der betreffende Armenverband unterdessen gewechselt habe. Ein Analogon zu dieser Rechtsanschauung besteht auch in dem Grundsatz von der Fortdauer der Verjährungs- und Ersitzungsfristen im BGB. trotz Eintritts einer Rechtsnachfolge.[1])

Die Ortskrankenkassen dagegen sind selbständige Rechtssubjekte[2]) und nicht für immer an den Gemeindebann räumlich

[1]) Vgl. Frank, Eingemeindung (in den 7 östl. preuß. Prov.) S. 42—46.

[2]) Krank. Vers. Ges. v. 15. Juni 1883 i. d. F. v. 10. April 1892 (R. G. Bl. S. 417), §§ 25 und 16, die durch die Novellen v. 30. Juni 1900 und 25. Mai 1903 nicht geändert wurden; künftig R. Vers. O. v. 19. Juli 1911 §§ 4 u. 226.

gebunden; dessen Änderung bleibt also auf die Kassenbezirke ohne Einfluß. Sogar die Errichtung von allgemeinen Ortskrankenkassen für Teile eines Gemeindebezirks ist künftig zulässig (Reichsvers. Ordn. § 226).

Gemeindesparkassen (d. s. auch eigene juristische Personen) von eingemeindeten Gebieten werden durch Kais. Verordnung ausdrücklich aufgelöst werden müssen (§§ 1 u. 2 des Sparkassengesetzes v. 23. August 1912 in der Fassung der Bekanntmachung des Statthalters vom 9. September 1912, Ges. Bl. S. 118 und Ausf.-Anweisg. v. 24. Dezember 1912 dazu, Amtsblatt 1913 S. 1), da das Sparkassengesetz für die Gemarkung einer Gemeinde nur eine Sparkasse vorsieht.

Man darf also im Allgemeinen wohl den Satz als Regel aufstellen, daß alle Verbände, die nur die einzelnen Beteiligten, ohne Rücksicht auf ihre Gemeindeangehörigkeit zu Mitgliedern haben, durch die Änderung des Gemeindebezirks nicht berührt werden, daß aber alle diejenigen, deren Gebiet sich mit dem der Gemeinde deckt, die gleichen Veränderungen wie diese erleiden.[1])

3. Wirkungen auf das Verhältnis der Gemeinden zu ihren Bürgern.

Mit der Abtrennung eines Gemeindestücks wechselt die Gemeindeangehörigkeit ihrer Bewohner; diese werden (wie sonst allgemein kraft Gesetzes, nicht infolge Aufnahmeakts)[2]) Bürger (habitants) der vergrößerten oder der neuerrichteten Gemeinde, deren Gebietshoheit sich nun auf sie erstreckt.[3]) Die Rechte aus dem Wohnsitz[4]) behalten sie bei (z. B. das Gemeinde-Wahlrecht nach § 30 Abs. 1 Ziff. 3 G. O.), d. h. die Zeit, die sie in der bisherigen Gemeinde gewohnt haben, wird ihnen bei Berechnung von gesetzlichen Fristen angerechnet, als ob sie immer schon in

---

[1]) Ähnlich Dittmar, Eingemeind.-Recht in Preuß., S. 39ff.

[2]) Mandel, S. 55.

[3]) Vgl. Bruck, G. O. § 1[23].

[4]) Über „Wohnsitz im öffentlich-rechtlichen Sinn", d. i. Halten einer Wohnung mit der Absicht, sich dauernd, wenn auch nicht ständig, dort aufzuhalten, s. G. O. § 30[6], über Wohnsitz im privatrechtlichen Sinn s. BGB. § 7.

der jetzigen Gemeinde gewohnt hätten;[1]) sie können nicht etwa als neu zugezogen behandelt werden.

Demgemäß haben sie auch fast alle Rechte und Pflichten von Bürgern des Gemeinwesens, dem sie nunmehr angehören, also das Recht zur Teilnahme an der Gemeindeverwaltung (in den Fällen von Gemeindevereinigungen insbesondere das Recht eigener Vertretung im Gemeinderat gemäß § 34 Abs. 2 G. O.) und die Befugnis zur Mitbenutzung der öffentlichen Einrichtungen und Anstalten sowie die Pflicht zur Teilnahme an den Gemeindelasten (§ 66 G. O.) und den Gemeindediensten (Fronen)[2]). Dagegen haben sie im Fall des § 4 Abs. 1 G. O. nicht das Recht zur Nutzung der Gemeindegüter des Hauptorts, wenn es ihnen nicht ausnahmsweise durch Vertrag eingeräumt worden ist, sondern nur die ausschließliche Weiternutzung ihrer eigenen Ortschaftsgüter; ferner haben sie natürlich nicht die Pflicht, besondere Ortszuschläge von anderen Ortschaften ihrer Gemeinde — etwa neben ihren eigenen Ortschaftszuschlägen (Ortsch. Ges. § 2 Ziff. 1) und Gemeindesteuern (G. O. § 66) — aufzubringen.

4. Wirkungen auf die Gemeindeverfassung.

I. Die einer anderen Gemeinde einverleibten Gemeinden, Ortschaften und Gemeindeteile bilden in der neuen Gemeinde Ortschaften,[3]) und zwar gewöhnlich Ortschaften im engeren Sinne, wenn sie nämlich — wie die Gemeinden und die Ortschaften im engeren Sinne — schon Rechtsfähigkeit besitzen oder diese unter Zuteilung von eigenem Vermögen bei der Abtrennung erwerben. Doch kann es auch vorkommen, daß Gemeinden und selbständige Ortschaften im Eingemeindungsvertrag völlig auf ihre juristische Persönlichkeit und ihr Vermögen verzichten und mit dem Hauptort gänzlich verschmelzen.

Letzteres ist namentlich auch der Fall bei Gemeindeteilen, die bei der Loslösung von der Muttergemeinde nicht mit Privat-

---

[1]) A. Ans. in Bezug auf Unterst.-Ansprüche das Bundesamt f. Heimatwesen, s. oben S. 33 f.

[2]) G. O. § 66[25].

[3]) S. für Gemeinden § 4, für Ortschaften § 5 G. O.; vgl. ferner Mandel S. 54[5] und die dort zitierte Literatur.

vermögen ausgestattet worden sind und sich auch sonst keine Selbstständigkeitsrechte gesichert haben.

Bei der Vereinigung können „große Gemeinden" von über 25000 Einwohnern entstehen; sie erlangen ipso iure dann auch deren Rechte.[1])

Neu errichtete Gemeinden und Ortschaften im engeren Sinne werden juristische Personen des öffentlichen Rechts durch Verleihung, die zur Gemeinde erhobenen bisherigen Ortschaften im engeren Sinne erhalten damit das Recht, sich selbst zu verwalten.

II. Der Vorstand aufgelöster Gemeinden „tritt mit dem Zeitpunkt der Vereinigung außer Tätigkeit" und seine Befugnis übt nunmehr für die Gesamtgemeinde der bisherige Vorstand des Hauptortes aus (Ausf. Best. Abs. 2 zu § 7).

Wenn nur eine Ortschaft mit einer anderen Gemeinde vereinigt wird, so bleibt deren Gemeindevorstand gemäß Ausf. Best. Abs. 3 zu § 7 und gemäß § 15 G. O. in Funktion.

Bürgermeister und Beigeordnete von „kleinen Gemeinden" können aber in diesem Fall nach den Gemeinderats-Neuwahlen wechseln, denn sie sollen in der Regel aus dem jeweiligen Gemeinderat genommen sein (G. O. § 11); die Vorstände von großen Gemeinden wechseln nicht, ihre Wahl und Ernennung bleibt aufrecht erhalten (G. O. § 10)[2]).

Die Gemeindebeamten werden in der Gesamtgemeinde möglichst entsprechend ihrem Rang und ihrer bisherigen Verwendung angestellt, wie das im Eingemeindungsvertrag zwischen den Gemeinden meist genau vereinbart wird. Dabei ist von dem Grundsatz auszugehen, daß die Gesamtgemeinde in jeder Beziehung Rechtsnachfolgerin der zugeteilten Gemeinde ist, daß sie also von den Beamten nicht mehr als jene verlangen kann und ihnen dafür auch nicht mehr leisten muß, daß sie das Dienstverhältnis also so übernimmt, wie es ist.[3])

---

[1]) Über diese s. G. O. § 1[38].

[2]) Ebenso Nelken § 7[5].

[3]) Ebenso Urteil des R. G. v. 17. Januar 1908: E. d. R. G. in Zivils. Bd. 68 S. 213, D. J. Ztg. 1908 S. 362, Soergel 1. S. 512 u. S. 524, u. ders. Bd. 4 (1911) S. 467 darüber, daß die Beamten von der übernehmenden Gemeinde keine neue Anstellungsurkunde beanspruchen können.

III. Der Gemeinderat wird „in allen Fällen" von erheblichen Gemeindegebietsänderungen und Gemeindegrenzverschiebungen (in dem oben S. 11 u. S. 12 dargelegten Sinne) von Gesetzes wegen aufgelöst[1]) und muß alsbald neu gewählt werden (G. O. § 7), also nicht nur dann, wenn eine Veränderung durch Kais. Verordnung erfolgt.[2]) Es genüge hier, auf die eingehende Besprechung dieser Rechtsfrage auf S. 11 zu verweisen und lediglich noch die Gründe anzuführen, die eine solche gesetzliche Regelung forderten.

Sie liegen vor allem in dem Umstand, daß jede Vereinigung oder Abtrennung von bewohntem Gemeindebann so tiefgehende Änderungen des Gemeinwesens verursacht, daß auch die Gemeindevertretung sich entsprechend ändern muß. So wollen bei Vereinigungen selbst nur wenige Gemeindebürger, die auf dem zugeteilten Gebiet wohnen, mit Recht ihre Stimme für diejenigen aus der Gesamtgemeinde zur Geltung bringen, von denen sie erwarten, daß sie auch ihre speziellen Interessen vertreten. Da die einverleibten Gemeinden und Ortschaften gleicher Weise in der Gesamtgemeinde Ortschaften werden bezw. bleiben (s. oben S. 36), so ist auch gar kein Grund gegeben, die Notwendigkeit von Gemeindeneuwahlen bei diesen zu verneinen, bei jenen aber zu bejahen. Bei Trennungen dagegen kann durch das Ausscheiden einzelner, laut § 31 G. O. nicht mehr wählbarer Mitglieder des (z. B. nur 10 oder 12 Mann starken — s. § 43 G. O.) Gemeinderats die Zusammensetzung desselben sich so erheblich ändern, daß sie nicht mehr dem ursprünglichen Willen der Wähler entspricht.

§ 43 Abs. 2 G. O. verschiebt auch die Veränderung in der Zahl der Gemeinderatsmitglieder nur im Fall der normalen, nicht aber der außergewöhnlichen Vermehrung oder Verminderung der Bevölkerung bis zu den nächsten allgemeinen Erneuerungswahlen (vgl. Ausf. Best. zu § 45 G. O.). Nur bis zu diesem Termin versehen selbstverständlich auch die anläßlich der Gemeindebezirksänderung Gewählten ihr Amt. Diese Änderungen werden also am besten kurz vor den allgemeinen Gemeindewahlen

[1]) A. Ans. Nelken § 7[2].

[2]) A. Meinung, die aber keine Stütze im Gesetz findet, Bruck, G. O. § 7[1] und Nelken § 7[1].

durchgeführt, weil dann gleich statt der Gesamtersatzwahl ordentliche Neuwahlen für die nächsten 6 Jahre vorgenommen werden können.

Der tatsächliche Hergang beim Wechsel des Gemeinderats ist der folgende. Mit dem Zeitpunkt der Gemeindebezirksänderung treten die Gemeinderäte der beteiligten Gemeinden außer Wirksamkeit. Der Bezirkspräsident kann dann laut Abs. 1 der Ausf. Best. zu § 7 G. O. nach Maßgabe des § 63 G. O. bis zur Vornahme der Gemeinderatsneuwahlen einen „Ausschuß zur Ausübung der Rechte und Pflichten des Gemeinderats" (Geschäftsführungsausschuß) in jeder der beteiligten Gemeinden ernennen, oder auch diese Ausübung nur den Bürgermeistern derselben übertragen.

In einer neu errichteten Gemeinde muß der Bezirkspräsident einen solchen Ausschuß und aus dessen Mitte einen Bürgermeister-Stellvertreter ernennen (Ausf. Best. Abs. 4 zu § 7 G. O.). Ferner wird er rechtzeitig für Aufstellung des Budgets der neuen Gemeinde (§ 64 G. O.) und für Einrichtung des Bürgermeister- und Standesamts[1]) Sorge tragen.

Jede einverleibte Ortschaft, welche eigenes Vermögen besitzt, (also auch eine frühere Gemeinde), soll einen besonderen Wahlbezirk bilden, falls dies von der Mehrheit[2]) der Ortschaftswähler beantragt wird und auf die Ortschaft nach dem Verhältnis ihrer Bevölkerungsziffer mindestens ein Mitglied des Gemeinderats entfällt (G. O. § 34 Abs. 2).[3])

Die Aufstellung der Wählerliste für die neu begrenzten Wahlbezirke ist auch im Fall des § 33 Abs. 8 G. O. nötig und obliegt gemäß Ausf. Best. Abs. 2 zu § 7 mit § 33 der G. O. dem Bürgermeister des Hauptorts, in neu errichteten Gemeinden dem Bürgermeister-Stellvertreter. Die Bürgermeister werden unterstützt durch 2 vom Geschäftsführungsausschuß aus seiner Mitte zu bezeichnende Mitglieder.

---

[1]) Vgl. G. O. § 16[32] u. § 65[15].

[2]) Mandel, S. 61.

[3]) Einen eigenen Wahlbezirk als Ortschaft der Stadt Metz mit 4 Gemeinderatsmitgliedern wird z. B. die Gemeinde Sablon nach ihrer Einverleibung vom 1. April 1914 ab bilden.

5. Wirkungen auf dem Geltungsgebiet des Ortsrechts.

I. Die bestrittenste Frage auf dem Gebiet des Rechts von der Vereinigung oder Teilung von Gemeinden ist die, ob die Ortsstatuten, Polizeiverordnungen und Observanzen bei Erweiterung des ihnen zuerst unterworfenen Bezirks ipso iure auch in den neuen Bezirksteilen verbindliche Kraft erlangen,[1]) oder ob das bisherige Ortsrecht auf abgetrennten Gebieten in Geltung bleibt, insbes. auf denjenigen, die zu selbständigen Gemeinden erhoben werden.

In Betracht kommen dabei vor allem die Ortsstatuten auf dem Gebiet des Gemeindeverfassungsrechts, die kommunalen Steuer-, Oktroi- und Gebührenordnungen,[2]) die Gemeindebeamten-Regulative und -Gehalts-Ordnungen; dann aber auch die Statuten über Benutzung von Gemeindeanstalten (Sparkassen, Bädern, Schlachthäusern usw.) und schließlich die Ortsstatuten auf Grund § 142 der Reichsgewerbeordnung sowie der sozialpolitischen Gesetze (insbesondere der Reichsvers. Ordn.). In Betracht kommen ferner die Verordnungen auf allen Gebieten des Ortspolizeirechts, der Sicherheits-, Verkehrs-, Feuer-, Gesundheits-, Bau- und Straßen[3])-Polizei sowie des Einwohnermeldewesens. Endlich kommen in Betracht die überlieferten ungeschriebenen Gewohnheitsrechtsätze auf allen Gebieten des lokalen Rechts, die aber die geschriebenen nur ergänzen, nicht abändern können. Immer handelt es sich also um öffentlich-rechtliche Vorschriften; das Gebiet der Privatrechtsgesetzgebung wird durch die öffentlich-rechtliche Gebietsänderung nicht berührt.

Eine eingehende Behandlung der Frage würde den Rahmen dieser Arbeit weit überschreiten. Es sei hier also unter Hinweis auf die Abhandlungen von Dittmar,[4]) Frank[5]) und Koch[6]) und

---

[1]) Dr. Jebens im preuß. Verw. Bl. Bd. 22, S. 509 ff.

[2]) Vgl. G. O. § 66[27] u. § 55[13] ff.

[3]) Vgl. G. O. § 16[4] u. [7].

[4]) H. Dittmar, Eingemeindungsrecht in Preußen. Meiningen 1908. S. 58—61.

[5]) A. Frank, Eingemeindung von Vororten in Städte. Lauenburg i. Pomm. 1908. S. 46—57.

[6]) Dr. Koch, Eingemeindungsrecht u. Polizeiverordnung. Tübingen 1909.

die dort zitierte Literatur der Stand des Streits nur kurz dargestellt und dann das bisherige Ergebnis der Rechtsprechung, soweit möglich, auf Elsaß-Lothringen angewandt. Denn wenn auch der Kampf zum großen Teil außerhalb Elsaß-Lothringens ausgefochten wurde, so kann doch die bestrittene wichtige Frage, die immer aktuell, aber im Verwaltungsrecht der deutschen Bundesstaaten nirgends geregelt ist, überall gleich entschieden werden. Die Rechtsprechung der höchsten Gerichte in dieser formell landesrechtlichen, materiell aber gemeinrechtlichen Materie ist also auch für Elsaß-Lothringen zu berücksichtigen.

II. Zunächst hat der französische Kassationshof in dem Urteil vom 15. Februar 1862[1]) entschieden, daß die Ortspolizeiverordnungen einer Gemeinde im Fall einer Vergrößerung derselben ohne weiteres für die Bewohner des mit dieser Gemeinde vereinigten Teils in gleicher Weise verbindlich werden, wie für die Bewohner der ursprünglichen Gemeinde, ohne daß es einer Neuverkündigung bedarf. Damals galt in Frankreich noch das Gesetz von 1837, dessen Bestimmungen über die Gemeindebezirksänderungen in die Gemeindeordnung für Elsaß-Lothringen von 1895 übernommen wurden.

Am 10. Januar 1887, also schon unter der Herrschaft des Gesetzes vom 5. April 1884 über die Organisation der Gemeinden (s. oben S. 7), vertrat der Gerichtshof von Rennes[2]) die entgegengesetzte Ansicht, daß die Vorschriften der Gemeinde (über Wegerechte und -Taxen) in der von ihr annektierten Ortschaft nicht verbindlich seien, außer nach einer Publikation, und daß auf fiskalischem und strafrechtlichem Gebiet die Gesetze und Verordnungen nicht über ihre bestimmten Grenzen ausgedehnt werden können.

Ähnlich sprach sich am 5. Dezember 1864 das Bezirksgericht München aus,[3]) und ebenso das O. L. G. München am 19. De-

---

[1]) Dalloz, Pér. 1862. I. S. 448. G. O. § 4[5].

[2]) Dalloz, Pér. 1888. II. S. 168.

[3]) Ztschr. f. Gesetzgebung, Rechtspr. u. Verw. in Bay. Bd. 11 S. 429; die Ausdehnung einer Polizeiverordn. auf eingemeindetes Gebiet sei ipso iure nicht statthaft, weil jedes Gesetz nur in dem Gebiet, für das es publiziert worden ist, gelte.

zember 1891.[1]) Das Oberlandesgericht Dresden fällte dagegen am 21. Dezember 1891[1]) ein Urteil, das fast genau gleich dem des Kassationshofs lautet.

Am schärfsten bekämpfen sich auf diesem Gebiet das preuß. Oberverwaltungsgericht und das Kammergericht in Berlin, auf dessen Seite anscheinend auch das Reichsgericht[2]) steht. Es soll hier nur auf ihre neuesten Entscheidungen[3]) eingegangen werden, die ausführlich das Ergebnis der bisherigen Rechtsprechung nochmals zusammenfassen, nämlich auf das Urteil des preuß. Oberverw. Ger. v. 3. April 1906,[4]) dessen Auffassung noch in dem Urteil v. 24. Februar 1910[5]) festgehalten wird, und auf das Urteil des Kammergerichts v. 7. März 1907.[6])

Danach dreht sich der Streit in der Hauptsache zurzeit darum, ob die Einverleibung von Gemeindegebiet analog zu behandeln sei derjenigen von fremdem Staatsgebiet in einen Staat; das Kammergericht behauptet dies und zieht daraus die Folgerung, daß in solchen eingemeindeten Gebieten wie in einverleibten Staaten[7]) Gesetze und Verordnungen nur gelten, wenn sie ausdrücklich durch ein Gesetz oder eine Verordnung darauf ausgedehnt, oder wenn sie dort neu erlassen und verkündet sind. Nur wenn die Einverleibung selbst durch einen Rechtsakt (Gesetz) vollzogen werde, seien die öffentlich-rechtlichen Verhältnisse einzig aus diesem zu beurteilen. An sich sei die Eingemeindung aber kein Rechtsakt, sondern ein reiner Verwaltungsakt, kraft dessen nur die Träger der Befugnisse zur Änderung des öffentlichen Rechts, nicht aber die öffentlichen

---

[1]) Goltdammers Arch. f. Strafrechtspflege. Bd. 40. S. 211.

[2]) Urteil des I. u. VI. Ziv. Senats vom 1. Oktober 1891, R. G. E. Bd. 28, S. 304, Soergel 1, S. 556, Koch, S. 13, u. Urteil vom 24. Januar 1901, R. G. E. Bd. 48, S. 275.

[3]) Frühere Urteile des preuß. Oberverw. Ger.: Vom 4. Juni 1896 in der deutschen Jur. Ztg. 1897, S. 107 u. Koch, S. 7; v. 13. März 1906 D. Jur. Ztg. 1906 Sp. 1154; v. 20. Oktober 1908 u. v. 24. Juni 1909 (betr. Observanzen) in Soergel 2, S. 645.

[4]) D. J. Ztg. 1907 Sp. 52ff. u. Soergel 1, S. 110.

[5]) Soergel 4, S. 505.

[6]) D. J. Ztg. 1907 Sp. 414ff. u. Soergel 1, S. 556.

[7]) Vgl. betr. Elf.-Lothr. das Gesetz vom 9. Juni 1871.

Rechtssätze selbst wechselten. Die Polizeiverordnungen usw. gingen also nicht mit der Selbständigkeit der Gemeinde unter, sondern würden weiterbestehen.

Demgegenüber bestreitet das Oberverwaltungsgericht die Anwendbarkeit jener Analogie, denn die Staatsgewalt, welche Gesetze für das Staatsgebiet gebe, sei die gleiche, die auch die Änderung der Staatsgrenzen verfüge; die zum Erlaß von Ortsstatuten und -Verordnungen zuständige Stelle könne aber nicht selber die Grenzen ihres Gebiets erweitern; dies geschehe nur durch ein höheres staatliches Organ in gesetzlich vorgeschriebener Form. Das Oberverwaltungsgericht kommt dann zu dem Schluß, daß das Ortsrecht einer Gemeinde von selbst seine Geltung verliere, sobald dieser im geordneten gesetzlichen Verfahren ihre Existenz genommen sei. Nur Sonderrechte für einzelne Teile oder besonders geartete Rechtsverhältnisse, deren Ausdehnung auf den Gebietszuwachs als ausgeschlossen gelten müsse oder ausdrücklich ausgeschlossen sei, könnten bestehen bleiben. Die Herrschaft der Bestimmungen aber, die für einen Bezirk nur einheitlich gelten können, würden sich ipso iure im Zeitpunkt der Eingemeindung auf den Gebietszuwachs ausdehnen; denn daß dort mit dem Erlöschen der Gültigkeit der bisherigen Bestimmungen ein Vakuum im Ortsrecht entstehen würde, widerspreche den Absichten der Ortsgesetzgeber und der zur Eingemeindung befugten Organe und führe zn den größten Unzuträglichkeiten. Die Bekanntmachung der nunmehr auch im neuen Gemeindeteil geltenden Vorschriften an dessen Bewohner sei vielleicht nützlich; sie begründe aber nicht erst die Rechtswirksamkeit. (Die hier nicht wiedergegebenen Einwände und Gegeneinwände in diesen beiden Urteilsbegründungen können als in der Literatur erledigt gelten.)

III. Vorläufig stehen sich beide Ansichten also im Prinzip noch schroff gegenüber, beide haben aber gegen früher in den letzten Entscheidungen Ausnahmen und Zugeständnisse gemacht. Das Oberverwaltungsgericht hat von jeher der praktischen Durchführbarkeit Rechnung getragen und seinen Standpunkt dann, wenn auch nicht immer mit guten Gründen, beibehalten. Die Zivilgerichte dagegen haben wegen des gänzlichen Mangels gesetzlicher Bestimmungen geglaubt (— iudex sine lege erubescit —), eine Analogie aus dem Staatsrecht heranziehen zu müssen, die auf das Gemeinderecht nicht paßt,[1]) und darüber haben sie die Gelegenheit versäumt, ein dem richtigen Empfinden der weit überwiegenden Mehrzahl von deutschen Gemeindebürgern und den praktischen Bedürfnissen der Verwaltung gleichmäßig entsprechendes Recht zu schaffen. Denn jeder Bewohner eines eingemeindeten Gebiets ist sich klar darüber, daß er mit den Rechten des Bürgers der Hauptgemeinde nun auch die entsprechenden Pflichten übernommen hat, soweit nicht ausdrücklich Ausnahmen gemacht oder stillschweigend, aber unzweideutig aufrechterhalten worden sind. Er wird auch von den Ortssatzungen nach einer Neuverkündung gemeinhin ebensowenig wissen wie zuvor, sodaß diese nur den Wert einer leeren Förmlichkeit hat.

[1]) Mit Recht sagt Frank (S. 52) bei Würdigung der Begründung des Oberverw. Ger., daß schon deshalb ein wesentlicher Unterschied zwischen der Erweiterung des Staatsgebiets und einer kommunalen Bezirksänderung bestehe, weil jene vom Staat selbst, diese aber nicht von den beteiligten Kommunalverbänden, sondern durch eine übergeordnete Persönlichkeit durchgeführt würden. Es ist aber ferner darauf hinzuweisen, daß in einem großen Staatsgebiet an sich eher verschiedene Gesetze über gleiche Rechtsverhältnisse gelten können (vgl. z. B. die zahlreichen Gemeindeordnungen in Preußen u. die 2 Gemeindeordnungen f. Bayern rechts d. Rh. und für die Pfalz), als in dem stets eng begrenzten Bezirk einer Gemeinde; vorteilhaft und erstrebenswert ist die Rechtsverschiedenheit aber schon im Staat nicht, innerhalb des kleinen Gemeindebannes ist sie in der Regel unerträglich. Schließlich ist aber in der Literatur auch noch nicht beachtet, daß vereinigte Kommunalverbände eines Staats, und zwar selbst größere, immer sehr viel Recht schon bisher gemeinsam hatten und daß die kommunalen Satzungen vielfach nur Ausführungsbestimmungen dazu darstellen, die unter sich wenig verschieden sind und daher leicht — auch stillschweigend — einheitlich gestaltet werden können, insbesondere durch die Vereinbarung unter den beteiligten Verbänden oder durch die Verfügung der ihnen gemeinsam vorgesetzten Behörde. 2 Staaten haben dagegen kein gemeinsames Recht; die Übertragung von Recht auf erworbenes Staatsgebiet geschieht auch nicht durch Vereinbarungen zwischen ihnen, und eine über ihnen stehende höhere Instanz, die sie anordnen könnte, gibt es nicht. Wenn also Gesetze auf solchem Gebiet ausdrücklich eingeführt werden müssen, so ist das Gleiche deshalb noch keineswegs in Kommunalverbänden nötig. Ein Zwang zur Anwendung einer Rechtsanalogie besteht überhaupt niemals.

Umsoweniger wird die Gemeindeverwaltung, schon aus finanziellen und praktischen Gründen, ihre sämtlichen oft sehr umfangreichen Polizeiverordnungen usw. in dem neuen Vorort ausrufen, anschlagen oder in den Blättern ausschreiben lassen.[1]) Deshalb wohl hat das Kammergericht nun auch zugegeben, daß durch eine Kommunal-Verordnung die Ausdehnung des „Stadtrechts" allgemein ausgesprochen werden könne.

1. Kann dann die Ausdehnung derjenigen Rechtssätze, die nur einheitlich für den verhältnismäßig kleinen Bezirk einer Gemeinde gelten können (z. B. Steuerordnungen), mögen es nun Statuten, Polizeiverordnungen oder Observanzen sein, mögen sie dem Gebiet der Gemeindeverfassung[2]) oder irgend einem anderen angehören, nicht auch ebensogut stillschweigend in dem Gemeindevereinigungsvertrag oder in dem Beschluß der zuständigen höheren Verwaltungsbehörde erfolgen?

a) Können die Gemeindeorgane, die auf die Selbständigkeit der Gemeinde (im Gegensatz zu einem besiegten Staat) freiwillig verzichten, nicht stillschweigend damit auch das Erlöschen des von ihnen geschaffenen Rechts vereinbaren?

b) Und wenn nach Ansicht des Kammergerichts die Rechtserstreckung durch einen Rechtsakt (Gesetz, Rechtsverordnung) stillschweigend geschehen kann, warum dann nicht auch durch einen Beschluß des Bezirkspräsidenten oder des Ministeriums?

Gewiß sind diese Beschlüsse in erster Linie organisatorische Verwaltungsakte; sie sind aber in gesetzlich vorgeschriebenem Verfahren und also gleichsam mit einer vom Gesetzgeber delegierten Gewalt erlassen und sie rufen zweifellos zahlreiche Wirkungen öffentlichen Rechts hervor, die doch nicht nur auf der G. O. oder dem Gemeindevereinigungsvertrag, sondern auch auf eben diesen Akten beruhen.

Will man also nicht behaupten, daß die Gemeindevereinigungsverträge keine Wirkungen auf dem Gebiet öffentlichen Rechts haben, oder daß die Grenzänderungsbeschlüsse nur Akte des Verwaltungsermessens ohne eigene Rechtsfolgen seien, dann

---

[1]) Vgl. Bruck, G. O. § 16 [13] über die Abhängigkeit der Rechtsgültigkeit von der ordnungsmäßigen Verkündung.

[2]) Vgl. Frank, S. 53.

gebe man doch auch zu, daß eine von diesen vereinbarten oder gesetzlichen Wirkungen die grundsätzliche Ausdehnung des notwendig einheitlichen Ortsrechts auf das der Gemeinde einverleibte Gebiet ist!

c) Im übrigen wird man, namentlich in den schon vor einiger Zeit vereinigten Gemeinden, annehmen dürfen, daß jenes Recht der Hauptgemeinde sich gewohnheitsrechtlich auf den Gebietszuwachs erstreckt hat.

2. Daneben können Sonderbestimmungen auf dem inkommunalisierten Gebiet — ebenfalls stillschweigend — aufrecht erhalten bleiben, die ihrem Inhalt (nicht der Absicht des „kleinen Gesetzgebers") nach nicht für das ganze Kommunalgebiet gelten können (z. B. Bauordnungen in ländlichen Vororten, Bestimmungen über die Straßenreinigungspflicht der Hausbesitzer),[1]) ohne daß ihre Rechtswirksamkeit unter dem Mangel einer nochmaligen Verkündung leidet, wenn ihr begrenzt lokaler Charakter unverkennbar ist und also die Ausdehnung des Ortsrechts der Hauptgemeinde auf diese wenigen Sondergebiete von vornherein ausgeschlossen erscheint. Es genügt, wenn die Rechtseinheit nach der Vereinigung da hergestellt ist, wo dies unbedingt nötig. Weitere Änderungen können unterbleiben oder später vorgenommen werden.

3. Ebenso wie bei diesen Sonderbestimmungen im Fall der Vereinigung von Gemeinden gilt bei Neuerrichtung von Gemeinden das bisherige Recht allgemein in der neuen Gemeinde bis zu seiner Ersetzung oder ausdrücklichen Aufhebung — wenigstens als Gewohnheitsrecht — weiter. Denn es wird nicht verdrängt durch das Recht einer mächtigeren Gemeinde, seine Aufhebung wird weder vereinbart, noch verfügt, noch ist sie gesetzlich notwendig. Sein bisheriges persönliches und sachliches Substrat erhält nur eine neue Form. Wollte man hier annehmen, daß mit der Abtrennung des neuen Gemeindebezirks von seinem bisherigen Verband das Ortsrecht untergehe, so würde bis zum Erlaß neuer Vorschriften ein völlig rechtloser, also unhaltbarer Zustand dauern. Ist das Gemeinwesen aus Teilen verschiedener Rechtsgebiete errichtet, so werden die dem-

---

[1]) Vgl. Dittmar, S. 61.

entsprechend verschiedenen fortgeltenden Rechte allerdings baldmöglichst durch ein einheitliches ersetzt werden müssen.

IV. Die Anschauung des Kassationshofs, des Dresdener Oberlandesgerichts und des preuß. Oberverwaltungsgerichts läßt sich also, zum Teil allerdings mit anderen als den namentlich vom letzteren angeführten Gründen, aufrechterhalten.

In jedem Falle wird es aber gut sein, entweder in den Grenzänderungsbedingungen ausdrücklich kurz anzugeben, welche allgemeinen und welche besonderen Ortsrechte in der Gesamtgemeinde und dem zugeteilten Stück gelten sollen, und diese Entscheidung (vielleicht mit den übrigen, die Öffentlichkeit doch vielfach nahe berührenden Bedingungen) zu verkünden, oder aber die Kontroverse durch ein Gesetz zu lösen!

6. Die Teilung und Vereinigung des Gemeindevermögens.

I. Die Wirkungen der Gemeindegrenzänderung auf das Gemeindevermögen beruhen, wie schon erwähnt, auf Gesetz (§§ 4 u. 5 G. O.), vielfach aber auf Vertrag zwischen den beiden Gemeinden. Die Absätze 1 der §§ 4 u. 5 G. O. sind nicht zwingendes Recht; an ihrer Stelle kann etwas anderes vereinbart werden.[1])

Grundsätzlich wird dasjenige Gemeinwesen, das an Stelle des bisherigen die Gebietshoheit übernommen hat, in öffentlich-rechtlicher und privat-rechtlicher Hinsicht ohne weiteres sein Rechtsnachfolger[2]) (Ausnahmen in den §§ 4 u. 5 G. O.). So geht z. B. mit der Eingemeindung das im Einzelfall bereits entstandene Recht auf Umsatzsteuer von der berechtigten Gemeinde auf die eingemeindende als ihre Rechtsnachfolgerin über,[3]) und mit der Auflösung einer Gemeinde tritt in ihrem anhängigen Zivilrechtsstreit wie beim Tode einer Partei dann keine Unterbrechung ein, wenn ein Prozeßbevollmächtigter aufgestellt ist (ZPO. §§ 239, 246), sondern dieser führt den Prozeß

---

[1]) S. z. B. Nelken § 4 [1].

[2]) Vgl. R. G. E. v. 12. Mai 1908, Soergel 2, S. 644.

[3]) Entsch. des preuß. Oberverw. Ger. v. 21. Dezember 1911, Soergel 4, S. 506.

für diejenige Gemeinde, in welcher die bisherige aufgegangen ist, weiter.[1]) Über die Nachfolge in das öffentlich-rechtliche Beamten-anstellungs-Verhältnis siehe oben Seite 37.

II. Das in Elsaß-Lothringen geltende französisch-deutsche Recht kennt zwei Arten von Gemeindegut, die auch bei der Auseinandersetzung verschieden behandelt werden, nämlich

1. das „öffentliche Eigentum" der Gemeinde (le domaine public municipal) und

2. das Privateigentum der Gemeinde (le domaine particulier[2]) oder privé).[3]) Dieses zerfällt wieder

a) in die Gemeinde- oder Allmendgüter[4]) (biens communaux) und

b) in das persönliche Gemeindevermögen[4]) (biens patrimoniaux).

III. **Öffentliches Eigentum der Gemeinde** sind nach § 44 Ausf. Ges. z. BGB., der nicht ausdehnend ausgelegt werden darf, verkehrsunfähige (res extra commercium), unbewegliche, in der Regel dem allgemeinen Gebrauch „gewidmete", der Gemeinde gehörige Sachen, also die Vizinalstraßen und -Wege, soweit sie auf dem Gemeindebann liegen, die öffentlichen Ortsstraßen[5]) innerhalb der bebauten Gemeindefläche, die öffentlichen Plätze, Anlagen und Feldwege,[6]) sowie die dazu gehörigen Brücken, Böschungen, Anpflanzungen, Beleuchtungs- und Kanalisationsanlagen, Wasser-, Gas- und Elektrizitätsleitungen, ferner die Schienenwege von Gemeindebahnen, die von der Gemeinde an Flüssen errichteten Kunstbauten, die dem öffentlichen Gottesdienst einer gesetzlich anerkannten Religionsgesellschaft gewidmeten Gebäude[7]) und die Kirchhöfe. An Festungen und Reichseisenbahnen

[1]) O. L. G. Colmar 12. März 1909. J. Ztschr. f. Elf.-Lothr. 35, S. 116.

[2]) S. hiezu Mandel, S. 73[1].

[3]) S. Mayer, S. 227.

[4]) Nelken § 53[3].

[5]) Auch die usoirs, solange nicht der Beweis des Gegenteils erbracht ist (Molitor, S. 184, § 44[6]); Denkmäler, soweit sie auf öffentlichen Plätzen stehen (Kisch, S. 401; Mayer, S. 231).

[6]) Nicht Wirtschaftswege (chemins d'exploitation) wie z. B. private Holzabfuhrwege.

[7]) Kirchen, aber nicht Pfarrhäuser! Irrig: Bruck, G. O. § 4[2].

steht dagegen nie einer Gemeinde, sondern dem Reich das Eigentum zu. Was zum öffentlichen Eigentum gehört,[1]) entscheiden in Elsaß-Lothringen die ordentlichen Gerichte.[2])

Dieses unbewegliche domaine public der Gemeinde, das durchweg auch dem öffentlichen Gebrauch (publicus usus, usage de tous) gewidmet ist und ihm dient (Gegensatz dazu z. B. die Festungen) wollen § 4 Abs. 2 und § 5 Abs. 2 der G. O. treffen.[3]) Gemäß diesen Bestimmungen verlieren die aufgelösten Gemeinden (§ 4 Abs. 2) an diejenige Gemeinde, mit der sie vereinigt werden, ihr öffentliches Eigentum; die eingemeindeten Ortschaften (§ 5 Abs. 2) bringen das öffentliche Eigentum ihrer Muttergemeinde, soweit es auf dem Ortschaftsgebiet liegt, der Gesamtgemeinde bezw. der neuerrichteten Gemeinde mit. Bei der Auseinandersetzung von mehreren Gemeinden oder Ortschaften[4]) werden diese Grundstücke abgeschätzt und ihr Wert wird, entsprechend dem allgemeinen Teilungsverhältnis nach der Zahl der Haushaltungen (feux) in jeder Gemeinde, auf Grund des Gesetzes vom 10. Juni 1793 Sekt. IV Art. 2 und der G. O. § 56 Ziff. 4 a. E. in Anrechnung gebracht, wenn es sich darum handelt, ob die neue Gemeinde die frühere für den Verlust ihres öffentlichen Eigentums entschädigen muß.[5])

IV. Das sogenannte „Privatvermögen" (domaine privé) gehört der Gemeinde oder der selbständigen Ortschaft als juristischen Personen des öffentlichen Rechts und besteht aus den „Gemeindegütern" (biens communaux, Allmende) und dem persönlichen Gemeindevermögen (biens patrimoniaux).

1. **„Gemeindegüter"** sind die Gemeindeweiden und Gemeindewälder, oder auch Rechte an fremden (z. B. Staats-) Grundstücken, wie Holznutzungsrechte (affouage) oder Weiderechte (droits de pâturage). Ihre Erträgnisse werden auf Grund

[1]) Über diesen Begriff siehe z. B. die ausführlichen Erörterungen bei Mayer, S. 227 ff., Molitor § 44[1—13], G. O. § 53[3] u. [4], Kisch, S. 401.

[2]) Molitor § 44[10].

[3]) Mandel, S. 54.

[4]) G. O. § 5[4].

[5]) S. die beiden mit Gesetzeskraft ausgestatteten Staatsratsgutachten v. 20. Juli 1807 und vom 26. April 1808 bei Bruck, G. O. § 56[16] und die Ord. v. 25. August 1841; Mandel S. 54[6]) u. S. 75; Molitor S. 30.

unvordenklicher Übung an die einzelnen Gemeindebürger[1]) verteilt.[2])

Die Gemeindegüter bleiben gemäß § 4 Abs. 1 G. O. im Fall der „Totaleingemeindung" (s. oben S. 12) in der ausschließlichen Nutzung der früheren Gemeinde; da diese nun eine Ortschaft in der Gesamtgemenide bildet (s. oben S. 36) und da eine Ortschaft bei ihrer Einverleibung ihr Privateigentum gemäß § 5 Abs. 1 G. O. behält, so muß man ihr (auf Grund § 5 Abs. 1) auch das Eigentum an diesen Gütern zusprechen. Diese werden also aus Gemeindegütern jetzt Ortschaftsgüter.

Ebenso bleiben gemäß § 5 Abs. 1 mit § 4 Abs. 1 G. O. bei der „Vereinigung" von Ortschaften mit anderen Gemeinden oder bei der „Errichtung" von Gemeinden aus Ortschaften die Gemeindegüter, die bisher schon ausschließlich von der Ortschaft genutzt wurden, oder ihr bei der Abtrennung von der Muttergemeinde zugeteilt wurden, im Eigentum und in der Nutzung der Ortschaft. Diese kann einen der Zahl ihrer Haushaltungen entsprechenden Teil der Güter bei der Abtrennung von der Muttergemeinde verlangen, auch wenn dieser Teil bisher nicht „ausschließliches", sondern gemeinschaftliches, ungeteiltes Eigentum der Gemeinde und der Ortschaft bildete. Die Ortschaft hat dagegen keinen Anspruch auf die Nutzungsrechte am Allmendgut der Hauptgemeinde.[3])

Die Verwaltung dieser Ortschaftsgüter steht aber immer dem Bürgermeister und dem Gemeinderat der Gesamtgemeinde zu,[4]) nur in Ausnahmefällen wird ein Ortsausschuß „zur Begutachtung" berufen (Ortsch. Ges. § 2 Ziff. 2 u. 3 u. § 3).

Auch diese Grundstücke und Rechte werden ihrem Wert nach geschätzt und nach dem oben (III.) angeführten Gesetz vom Jahr 1793 und den beiden Staatsratsgutachten im Verhältnis der Zahl der Feuerstellen der abzutrennenden Ortschaft zu der Zahl in der bisherigen Gemeinde (also ohne Rücksicht auf die Größe der

---

[1]) G. O. § 54⁹.

[2]) Molitor, S. 324 f.

[3]) Entsch. d. K. Rats v. 29. Dezember 1902, Nr. 354 im Beiblatt z. Amtsbl.

[4]) Mayer, S. 470 u. Ortsch. Ges. § 1.

Gemeindegebiete) geteilt (s. oben S. 49[5]). Es können aber auch mehrere Gemeinden oder Ortschaften Allmende und Rechte an fremden Grundstücken gemeinsam und ungeteilt besitzen und benutzen,[1]) sodaß jene bei der Abtrennung von Ortschaften gar nicht geteilt zu werden brauchen (vgl. hiezu Ortschaftsgesetz § 7ff.). Andererseits kann auch die einverleibte Gemeinde oder Ortschaft auf ihre Sonderrechte verzichten und ihre Bewohner können gemeinsam mit denen der übrigen Gesamtgemeinde deren sämtliche Gemeindegüter nutzen[2]) oder sie können durch Vertrag ihre biens communaux in biens patrimoniaux umwandeln.[3])

Die Auflösung einer zwischen mehreren Gemeinden und Ortschaften bestehenden Rechtsgemeinschaft kann jederzeit von jeder Gemeinde und jeder Ortschaft nach § 749 BGB. in einem Gemeinderats- bezw. Ortsausschuß-Beschluß verlangt werden, der in kleinen Gemeinden und Ortschaften der Genehmigung der Aufsichtsbehörde bedarf (G. O. § 56 Ziff. 4 u. § 76 Ziff. 4; Ortsch. Ges. § 2 Ziff. 3 und § 3). Wird gleichzeitig ein Gemeindebezirk abgeändert, so beschließt nach § 3 G. O. der verstärkte Gemeinderat und der begutachtende Ortsausschuß über die Auflösung der Gemeinschaft. Im Streitfall entscheiden über die Teilung die bürgerlichen Gerichte nach Maßgabe der oben S. 49[5] angeführten öffentlich-rechtlichen Bestimmungen.

Die Verteilung des Gemeindeguts selbst unter die einzelnen Berechtigten ist stets unzulässig (G. O. § 53 Abs. 4).

2. **Das persönliche Gemeindevermögen** (biens patrimoniaux), dessen Nutzungen der Gemeinde zufließen, besteht aus dem Gemeindefinanzvermögen und den Stiftungen, aus den einem öffentlichen Dienst gewidmeten Gegenständen und aus den Anstalten und Einrichtungen der Gemeinde.

Einem öffentlichen Dienst (nicht dem öffentlichen Gebrauch!) gewidmet sind die öffentlichen, im Privateigentum der Gemeinde stehenden Gebäude, wie Rathäuser, Gemeindeschulen, Pfarrhäuser;

---

[1]) In diesen Fällen kann auf Antrag einer beteiligten Gemeinde v. Bezirkspräsidenten eine Syndikatskommission nach § 7 ff. Ortsch. Ges. gebildet werden.

[2]) Vgl. Nelken § 4[1].

[3]) Mandel, S. 54[5].

zu den Gemeindeeinrichtungen und -Anstalten gehören Theater, Wasser-, Gas- und Elektrizitätswerke, Straßenbahnen, Markthallen, Bade- und Waschanstalten.[1])

Für diese biens patrimoniaux gilt dasselbe wie für die biens communaux (s. oben Ziff. 1): sie verbleiben nach der dispositiven Regel der §§ 4 u. 5 der G. O. den einverleibten Gemeinden und abgetrennten Ortschaften,[2]) bzw. diese können einen entsprechenden Teil beanspruchen.[3]) Der die Ortschaften betreffende § 5 G. O. ist auch hier[4]) unbedenklich auf solche Gemeinden anzuwenden, die nunmehr in der Gesamtgemeinde Ortschaften bilden. Die Verwaltung des persönlichen Ortschaftsvermögens steht der Gemeinde zu, seine Erträgnisse (z. B. Zinsen, Pachtgelder) fließen in die Gemeindekasse und können zur Deckung der allgemeinen Gemeindeausgaben verwendet werden, sollen aber in erster Linie den Bedürfnissen der Ortschaft dienen.[5])

Bei der Teilung steht der abzutrennenden Ortschaft auch an Gemeindestiftungen (Legaten) ein verhältnismäßiger Anteil zu.[6])

Auch sonst gelten für die Teilung dieser Vermögensmassen formell und materiell die gleichen Grundsätze wie bei den biens communaux. Ihre Verteilung an die Gemeindeangehörigen ist ebenfalls ungesetzlich.[7])

Die bereicherte Gemeinde oder Ortschaft[8]) hat die andere, wie für den Verlust an öffentlichem Eigentum (s. oben S. 49), so auch für den an Privateigentum zu entschädigen, und zwar auch dann, wenn die eine Gemeinde von öffentlichen Verpflichtungen infolge der Bezirksveränderung befreit und die andere unverhältnismäßig damit belastet worden ist. Die Entschädigung kann in Geld oder anderen Werten bestehen.[9])

---

[1]) Bruck, Verw. Recht I, S. 315 u. G. O. § 53[5]; Kisch, S. 402.

[2]) Nelken § 4[3].

[3]) Nelken § 5[1].

[4]) Ähnl. Mandel, S. 54.

[5]) Mandel, S. 54[5].

[6]) Urt. des Kass.-Hofs v. 24. März 1863: Dall. Pér. 1863 I, S. 422 u. Nelken § 5[1].

[7]) G. O. § 53[13].

[8]) Nelken § 5[2]; Bruck G. O. § 4[4] u. § 5[3].

[9]) Nelken § 4[5] u. § 5[2].

Wird durch eine Gemeindegrenzänderung ein Regierungsbezirk vergrößert, und sein Steuersoll (Steuerprinzipal) also erhöht, so kann er ebenso von dem verkleinerten Bezirk zur Zahlung einer Entschädigung für den Einnahmenverlust herangezogen werden.

Schluß.

Es mag hier noch kurz auf andere als die besprochenen Formen des Zusammenschlusses von Gemeinden hingewiesen werden.

Die loseste Verbindung von Kommunen stellt die Vereinbarung der gemeinschaftlichen Ausführung von Unternehmen dar. Immerhin können solche Verträge oft für lange Zeit geschlossen sein.

Etwas enger ist schon der Zusammenschluß mehrerer Gemeinden nach dem Syndikatsgesetz vom 11. Juni 1902 (Ges. Bl. S. 55) zur gemeinschaftlichen Ausführung, Unterhaltung und Verwaltung von Wasserleitungen, Entwässerungen und Bewässerungen; gemäß § 1 des Gesetzes kann hiefür auf Antrag einer der Gemeinden durch Beschluß des Ministeriums eine Syndikatskommission eingesetzt werden, welche aus Vertretern der beteiligten Gemeinden besteht. Voraussetzung ist aber dabei immer, daß die sämtlichen Gemeinden freiwillig beschlossen haben, solche Unternehmen auszuführen. Auf die Syndikatskommissionen finden die §§ 7 Abs. 2 bis § 10 des Ortsch. Ges. Anwendung. Ihre Aufsichtsbehörde ist das Ministerium.[1])

Auch die Syndikatskommissionen zur Verwaltung des gemeinschaftlichen Vermögens mehrerer Gemeinden nach § 7ff. des Ortsch. Ges. müssen an dieser Stelle nochmal genannt werden.

Es wurde auch schon der Wunsch geäußert, es möchten in Elsaß-Lothringen Zweckverbände mit der Möglichkeit des Verbandszwanges nach dem Muster der beiden preuß. Zweckverbandsgesetze vom 19. Juli 1911[2]) z. B. für den Bau von elektrischen Überlandzentralen errichtet werden. Indessen dürfte es sich empfehlen, hier noch die Erfahrungen abzuwarten, die man

---

[1]) S. auch G. O. § 53 [10].

[2]) Preuß. Ges. Samml. 1911: Zw. Verb. Ges. S. 115 u. Zw. Verb. G. für Groß-Berlin, S. 123.

mit den genannten preußischen Gesetzen macht. Einstweilen stehen den Vorzügen der Zweckverbände, nämlich ihrer großen Leistungsfähigkeit und Unternehmerlust, sowie ihrer Anpassungsfähigkeit für verschiedene kommunale Zwecke, erhebliche Nachteile gegenüber: so der Umstand, daß ein Gemeinwesen verschiedenen Zweckverbänden zugleich angehören müßte, ferner die große Zahl von kostspieligen Verbandsleitungen für jeden der mannigfachen Verbandszwecke, die Schwächung des Zusammengehörigkeitsgefühls in den bestehenden Kommunalverbänden und nicht zuletzt der tiefe Eingriff in ihr Selbstverwaltungsrecht durch Zwangsmaßregeln.

Der Errichtung von „Samtgemeinden", die fast alle Aufgaben der in ihnen vereinigten Gemeinden übernehmen müßten, stehen schon § 12 Abs. 4 und § 40 Abs. 3 G. O. ihrem Sinne nach entgegen.

Zurzeit werden sich jedenfalls die Zwecke solcher Verbände in Elsaß-Lothringen, soweit nötig, mit den gegebenen Mitteln insbesondere mit dem Syndikatsgesetz erreichen lassen.

Wie wir gesehen haben, bietet die Vereinigung und Teilung von Gemeinden in Elsaß-Lothringen eine ganze Reihe von zum Teil noch nicht gelösten Problemen, zu denen gerade auf diesem Gebiet jeden Tag neue treten können.

Immer wird die Lösung dieser Aufgaben der geschickten Hand des erfahrenen und wohlwollenden Verwaltungsbeamten bedürfen, die möglichst wenig wehe tut, wo sie zugreift, die nicht Hindernisse auftürmt, sondern gleichsam spielend beseitigt, und die trotz der oft sehr langwierigen Arbeit nicht müde wird.

Sollen diese Neuorganisationen zu einem gedeihlichen Ende gebracht werden, so muß aber auch ihre Durchführung erleichtert werden durch den opferwilligen Gemeinsinn der Bevölkerung, der vorübergehende, kleine Nachteile in den Kauf nimmt, wenn das Wohl der Allgemeinheit und damit wieder das des Einzelnen gefördert werden kann.

Möge es dem zukunftsreichen Lande nie an pflichtgetreuen, verständnisvollen Beamten und nie an weitschauenden, selbstlosen Bürgern fehlen!

FSC
www.fsc.org
MIX
Papier | Fördert gute Waldnutzung
FSC® C083411

Kolibri 360 GmbH
Ferdinand-Jühlke-Straße 7
99095 Erfurt, Deutschland
produktsicherheit@kolibri360.de